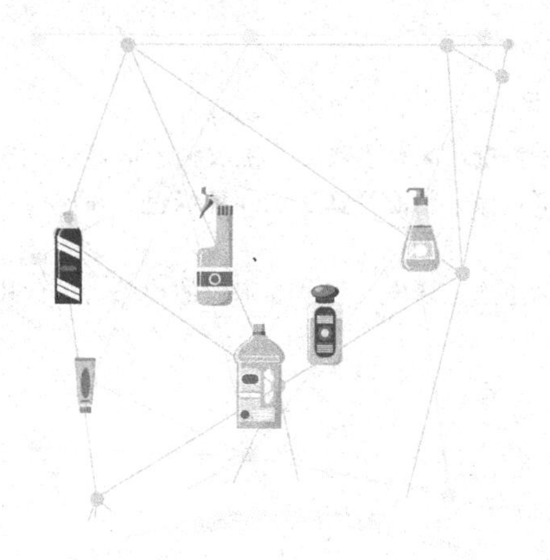

RIYONG XIDIJI
PEIFANG YU ZHIBEI

日用洗涤剂配方与制备

李东光　主编

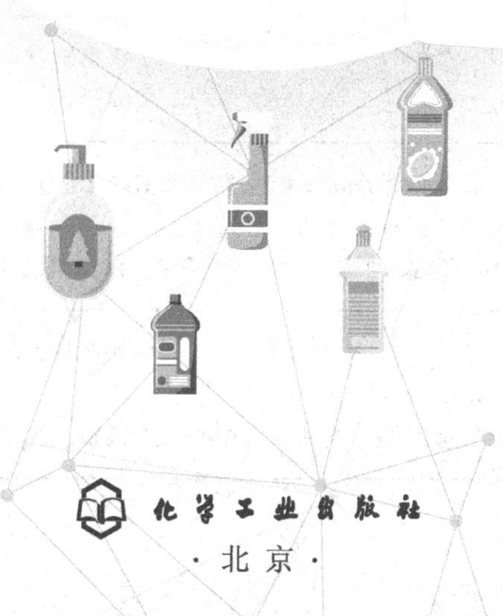

化学工业出版社
·北京·

本书主要针对餐具洗涤剂、果蔬洗涤剂、洗衣剂、电器洗涤剂、玻璃洗涤剂、卫生间洗涤剂等几大类日用洗涤剂产品，精心挑选了220种绿色、环保的主流产品配方和制备工艺进行了介绍，实用性强。

本书适合从事洗涤剂生产、研发、管理等工作的相关人员使用，同时可供精细化工等专业的师生参考。

图书在版编目（CIP）数据

日用洗涤剂配方与制备/李东光主编．—北京：化学工业出版社，2019.6（2023.8重印）

ISBN 978-7-122-34137-2

Ⅰ.①日…　Ⅱ.①李…　Ⅲ.①洗涤剂-配方②洗涤剂-制备　Ⅳ.①TQ649.6

中国版本图书馆CIP数据核字（2019）第052684号

责任编辑：张　艳　刘　军　　　文字编辑：孙凤英
责任校对：宋　夏　　　装帧设计：王晓宇

出版发行：化学工业出版社（北京市东城区青年湖南街13号　邮政编码100011）
印　　装：北京盛通数码印刷有限公司
710mm×1000mm　1/16　印张12½　字数234千字　2023年8月北京第1版第7次印刷

购书咨询：010-64518888　　　售后服务：010-64518899
网　　址：http://www.cip.com.cn
凡购买本书，如有缺损质量问题，本社销售中心负责调换。

定　　价：58.00元

前言
FOREWORD

洗涤剂对于人们的身体健康和卫生有着非常积极、有效的作用。随着社会的发展、科学技术水平的提高、原料工业的进步，洗涤用品工业得以快速发展。而人们健康意识和文明水平的不断提高，也推动着洗涤剂市场发生日新月异的变化。中国自改革开放以来，国内商品市场上各种优质、多效、安全的洗涤剂、肥皂、香波、浴液等琳琅满目，这充分显示了中国洗涤用品工业的繁荣景象。目前市场上洗涤剂产品种类繁多，趋向多样化、专用化，产品逐步细分。无疑，洗涤用品将朝着更加专业的方向发展，将出现更多的新产品。

洗涤剂按用途可分为工业用洗涤剂与民用洗涤剂。洗涤剂要具备良好的润湿性、渗透性、乳化性、分散性、增溶性及发泡与消泡等性能。这些性能的综合就是洗涤剂的洗涤性能。日用洗涤剂的产品种类很多，基本上可分为肥皂、合成洗衣粉、液体洗涤剂、固体洗涤剂及膏状洗涤剂几大类。洗涤剂是配方密集型产品，配方设计和工艺研究是洗涤剂开发的关键，而配方实例是配方设计的重要参考，实例可以提供和拓宽科研人员的研究思路，通过对现有配方的研究、改变与调整，往往可以以较快的速度、较小的代价而获得较满意的配方。需要说明的是，消毒洗涤剂等特殊产品除要考虑技术指标外，还必须考虑有关法规要求。

为了满足读者需要，我们在化学工业出版社的组织下编写了本书《日用洗涤剂配方与制备》，书中收集了220种环保、新颖的配方与工艺，旨在为读者提供实用的、可操作的实例，方便读者参考。

本书的配方多以质量份表示，如配方中有注明以体积份表示的情况，需注意质量份与体积份的对应关系，例如质量份以g为单位时，对应的体积份是mL，质量份以kg为单位时，对应的体积份是L，以此类推。

本书由李东光主编，参加编写的还有翟怀凤、李桂芝、吴宪民、吴慧芳、李嘉、蒋永波、邢胜利等同志，由于编者水平有限，书中难免有疏漏和不妥之处，请读者在使用时及时指正。主编联系方式：ldguang@163.com。

主编

2019年1月

目 录

CONTENTS

一、餐具洗涤剂 /001

二、果蔬洗涤剂 /015

三、洗衣剂 /035

四、电器洗涤剂 /108

五、玻璃洗涤剂 /119

六、卫生间洗涤剂 /139

七、其他日用洗涤剂　/ 165

参考文献　/ 190

一、餐具洗涤剂

配方 1　餐具清洗剂

原料配比

原　　料	配比(质量份)					
	1#	2#	3#	4#	5#	6#
碳酸钠(Na_2CO_3)	20	22	23	24	25	26
五水偏硅酸钠($Na_2SiO_3 \cdot 5H_2O$)	5	5	6	7	7	8
三聚磷酸钠(STTP)	5	5	6	7	7	8
氢氧化钠(NaOH)	10	11	12	13	16	17
十二烷基苯磺酸(LAS)	6	8	8	9	9	10
脂肪醇聚氧乙烯(7)醚(AEO-7)	2	2	2.5	2.5	3	3
烷基酚聚氧乙烯醚(OP-10)	2	2	2.5	2.5	3	3
二氯异氰尿酸钠(DCCNa)	50	45	40	35	30	25

制备方法

(1) 甲组分

① 碳酸钠、五水偏硅酸钠、三聚磷酸钠搅拌混合均匀，得到混合物 A；

② 十二烷基苯磺酸、脂肪醇聚氧乙烯醚、十二烷基酚聚氧乙烯醚搅拌混合均匀，得到混合物 B；

③ 混合物 A、混合物 B 混合均匀，得到混合物 C；

④ 混合物 C 和氢氧化钠混合均匀，冷却至常温老化变黄后密封包装即可。

(2) 乙组分：直接将二氯异氰尿酸钠密封包装即可。

产品应用　本品是一种免人工擦洗的餐具清洗剂。使用时，将甲、乙两组分分别溶解混合于水中即可。

产品特性

(1) 只需将本产品溶解于 10℃以上的常温清水，餐具只需要在其中浸泡 5～15min 就可以去除所有的油污、茶渍，浸泡完毕之后，再使用清水冲洗即可达到满意的洁净效果，同时还能杀灭绝大部分病菌。

(2) 本产品浸泡时间短，去污能力强，清洗效率高，免人工擦洗，节约大量人工，用水量少，水无须加热，节能节水。

(3) 浸泡去污能力下降时，只需添加适量本产品即可恢复去污能力，可进一步节约用水。

(4) 本品含有高效杀菌剂二氯异氰尿酸钠，可在10min内杀灭绝大多数病毒细菌，具有良好的杀菌作用。

配方2 餐具洗涤剂

原料配比

原料	配比(质量份)	
	1#	2#
直链烷基苯磺酸	10	5
脂肪醇聚氧乙烯醚(AEO)	3	5
脂肪醇聚氧乙烯醚硫酸钠	10	15
柠檬酸钠	2	1
丙二醇	10	15
水	加至100	

制备方法 将各组分按配比溶于水混合均匀即可。

产品应用 本品主要应用于餐具洗涤。

产品特性 本品配方合理，去污效果好，生产成本低，不伤皮肤。

配方3 多元浓缩餐具洗涤剂

原料配比

原料	配比(质量份)										
	1#	2#	3#	4#	5#	6#	7#	8#	9#	10#	11#
脂肪醇醚磺基琥珀酸单酯二钠(MES)活性物30	3	25	30	30	10	2	19	40	2	18	3
脂肪醇聚氧乙烯醚硫酸钠(AES)活性物30	2	1	1	1	1	3	5	1	6	8	3
椰油酰胺丙基甜菜碱(CAB)活性物30	60	30	3	30	40	40	20	6	60	30	4
椰油酰胺丙基氧化胺(CAO)活性物30	20	30	20	2	2	20	5	5	3	4	2
烷基糖苷(APG)活性物50	6	6	28	30	30	20	30	25	15	20	50
柠檬酸	0.2	0.2	0.3	0.3	0.3	0.2	0.3	0.3	0.2	0.3	0.5
EDTA-2Na(乙二胺四乙酸二钠盐)	0.1	0.2	0.2	0.2	0.2	0.1	0.1	0.3	0.2	0.3	0.25
板蓝根提取物	0.01	0.25	0.05	0.1	0.1	0.5	2	3	3	0.2	1
防腐剂	0.05	0.05	0.05	0.05	0.05	0.06	0.07	0.1	0.07	0.06	0.08
香精	0.1	0.2	0.2	0.3	0.3	0.3	0.3	0.5	0.2	0.4	0.5
水	加至100										

制备方法 将各组分溶于水混合均匀即可。

产品应用 本品是一种多元浓缩餐具洗涤剂。

产品特性 本品采用多种安全、温和、易生物降解的表面活性剂复配而成，同时提出节能要求，采用冷配生产工艺，不需要耗费热能加热溶解表面活性剂。所配制的多元浓缩餐具洗涤剂性质稳定、安全环保，有较好的流动性，方便使用。先用清水稀释多元浓缩餐具洗涤剂后，在使用时将稀释液喷洒在餐具上清洗即可，解决了浓缩餐具洗涤剂由于浓度高若清洗不彻底引起的残留问题。由于本品使用的原料均为天然油脂合成原料，直接使用对人体健康也是安全的。

配方 4 干粉式洗涤剂

原料配比

原料	配比(质量份)	
	1#	2#
青豆粉	2	2
豌豆粉	1	2
黄豆粉	6	5
生姜粉	1	1

制备方法 将青豆粉、豌豆粉、黄豆粉、生姜粉均匀混合即成。

产品应用 本品主要用作洗涤剂。

产品特性

(1) 本品的成分均为自然原材料，对餐具进行洗涤后，没有化学品的残留，对人体健康没有危害。

(2) 本品的洗涤剂无泡沫、无污染，省时、省力，可使餐具洗后光亮如新，而且不伤皮肤；更适宜清洗菜板、锅、刀具等食用工具。

(3) 本品成分中的青豆粉、黄豆粉、豌豆粉中富含脂肪酸，为去油污的表面活性剂；生姜粉为餐具、食用工具杀菌剂。

配方 5 高效餐具洗涤剂

原料配比

原料	配比(质量份)	原料	配比(质量份)
磺酸	6～10	海藻多糖	0～3
卡松	适量	水	70～80
AES(70%)	6～10	AEO	0～3
香精、色素	适量		

制备方法 按照上述配比把上述原料混合在一起，在常温下，进行充分搅拌，然后静置至产品清晰透明、黏度适中就制得了本品。

产品应用 本品是一种用于清洗餐具的高效清洗剂。

产品特性

(1) 产品清晰透明、色泽浅淡、黏度适中；

(2) 泡沫性能良好；

(3) 对油脂的乳化和分散性能良好，去污效果显著；

(4) 手感温和，不刺激皮肤；

(5) 无毒无污染、使用安全。

配方6 高效低泡无磷杀菌餐具清洗剂

原料配比

原料	配比(质量份)	原料	配比(质量份)
偏硅酸钠	8	烷基酚聚氧乙烯醚	4
过氧碳酸钠	28	脂肪醇聚氧乙烯醚	4
十二烷基苯磺酸钠	30	EDTA-4Na	2
聚乙二醇(400)	7	氢氧化钠	6

制备方法 将各组分混合均匀即可。

原料介绍 所述聚乙二醇、烷基酚聚氧乙烯醚、脂肪醇聚氧乙烯醚为液态表面活性剂，且烷基酚聚氧乙烯醚、脂肪醇聚氧乙烯醚可被其他聚醚类表面活性剂所替代。

所述偏硅酸钠、过氧碳酸钠、氢氧化钠、十二烷基苯磺酸钠为无水或有结晶水的。

所述氢氧化钠可被氢氧化钾、碳酸钠等碱性物质所替代；偏硅酸钠可在不要求无磷条件下被三聚磷酸钠及焦磷酸钠或磷酸三钠所替代；聚乙二醇（400）可被硅油等消泡剂所替代。

所述清洗剂中含有过氧碳酸钠，其具有消毒杀菌作用，避免了使用强刺激性次氯酸盐，无氯残留，使用安全。

所述的清洗剂洗涤时低泡沫、易漂洗，对餐具去油、去茶垢效果好，机洗时省水省电，节约洗涤时间。

产品应用 本品是一种适用于大规模机洗的高效低泡无磷杀菌餐具清洗剂。

产品特性 本品具有洗涤效果好、使用浓度低和低泡易漂洗的优点。与常规洗涤剂不同的是该洗涤剂以活性氧为杀菌消毒成分，不需外加杀菌剂即可达到消毒杀菌作用，降低了氯消毒剂的使用，不会对操作者和餐具使用者的健康造成危害，具有重要的社会效益和经济效益。本品除了具有杀菌消毒能力外，在机洗方面的洗涤作用也十分突出，多种表面活性剂的复配使其泡沫量较小，同时仍具有较强的润湿、乳化和皂化油脂的作用，去污力高，针对餐具残留的油脂、蛋白污垢和茶垢有显著的去污效果，去污力在较低的温度下就有良好的表现，同时随洗涤温度的升高而显著增强，并能阻止污垢的再沉积。在制备手洗型洗涤剂时仅需将配方中的氢氧化钠换为碱性弱的偏硅酸盐或碳酸盐，即可达到不伤手的目的，使用方便。在洗涤时不需外加次氯酸盐等杀菌剂，冲洗方便，具有省水、省电、洗涤效果好等特点，在大规模机洗行业应用时经济效益高。

配方 7　含酶餐具洗涤剂

原料配比

原料		配比(质量份)										
		1#	2#	3#	4#	5#	6#	7#	8#	9#	10#	11#
表面活性剂	脂肪醇聚氧乙烯醚硫酸钠	22.0	6.8	26.0	10.0	—	—	—	20.0	20.0	—	26.0
	脂肪醇聚氧乙烯醚羧酸钠	—	—	14.0	—	—	8.0	1.0	—	—	—	—
	烷醇酰胺	1.0	1.0	3.0	1.0	1.0	2.0	—	1.0	—	0.2	5.0
	脂肪醇聚氧乙烯醚琥珀酸单酯二钠	2.0	—	3.0	—	2.0	2.0	—	2.0	—	—	—
	脂肪醇聚氧乙烯(7)醚	—	3.0	—	3.0	17.0	4.0	1.0	—	8.0	0.2	6.0
	脂肪醇聚氧乙烯(9)醚	—	—	—	—	15.0	—	—	—	—	0.2	—
	脂肪醇硫酸钠	—	—	—	—	—	—	—	—	—	—	6.0
	APG	—	5.0	—	—	15.0	2.0	—	—	—	—	—
	脂肪酸甲酯磺酸钠	—	4.0	—	4.0		4.0	—	—	—	—	—
酶稳定剂	硼砂	—	—	2.0	—	—	—	—	—	—	—	—
	二水合氯化钙	0.05	0.05	—	0.05	0.05	0.05	0.05	0.05	0.005	—	0.005
	丙二醇	5.0	5	—	5.0	5.0	—	—	—	—	1.0	—
	聚乙二醇	—	—	—	—	—	—	10.0	—	—	—	5.0
黏度调节剂	硫酸钠	—	—	—	1.3	—	—	—	—	—	—	—
	氯化钠	1.0	1.5	1.0		1.0	1.5	1.0	1.0	—	—	—
	聚丙烯酸盐			0.7	—	—	—	—	—	—	—	—
螯合剂	柠檬酸钠	1.0	0.3	0.5	0.5	—	—	—	—	—	—	—
异噻唑啉酮		0.06	0.06	0.06	0.06	0.06	0.06	0.06	0.06	0.06	0.001	0.10
香精		0.1	0.1	0.1	0.1	0.1	0.1	0.1	0.1	—	—	—

续表

原料		配比(质量份)										
		1#	2#	3#	4#	5#	6#	7#	8#	9#	10#	11#
酶制剂	淀粉酶	0.3	—	—	—	—	0.1	5.0	0.3	0.3	5.0	0.3
	蛋白酶	—	0.3	0.5	—	—	—	5.0	—	0.25	5.0	—
	脂肪酶	—	—	—	0.3	—	—	—	—	—	—	—
	纤维素酶	—	—	—	—	0.01	—	—	—	—	—	—
水		加至100										

制备方法

(1) 先向配料锅内投总水质量的60%～70%的第一部分水;

(2) 开动搅拌,投入阴离子表面活性剂,搅拌至完全溶解;

(3) 投入非离子表面活性剂,搅拌至完全溶解;

(4) 投入螯合剂,搅拌至完全溶解;

(5) 投入余量的水,其水温低于35℃;

(6) 调整pH值至7.0～8.5;

(7) 锅内物料温度低于40℃,投入香精、防腐剂;

(8) 投入酶稳定剂,搅拌均匀后投入酶制剂;

(9) 投入黏度调节剂,搅拌均匀,取样化验,合格出料。

所述步骤(2)中,如果所述阴离子表面活性剂包括脂肪醇聚氧乙烯醚琥珀酸单酯二钠,则脂肪醇聚氧乙烯醚琥珀酸单酯二钠于步骤(6)和步骤(7)之间投入,并搅拌均匀;

所述步骤(9)中黏度调节剂为氯化钠时,使用前最好配制成质量分数为20%～40%的氯化钠水溶液,以利于在整个体系中均匀分散。

原料介绍 所述阴离子表面活性剂优选十二烷基苯磺酸钠、α-烯基磺酸钠、脂肪酸甲酯磺酸钠、脂肪醇聚氧乙烯醚硫酸钠、脂肪醇聚氧乙烯醚琥珀酸单酯二钠、月桂醇硫酸钠和脂肪醇聚氧乙烯醚羧酸钠中的任一种或几种的混合物,其中更优选脂肪醇聚氧乙烯醚硫酸钠和脂肪醇聚氧乙烯醚琥珀酸单酯二钠的混合物。

所述非离子表面活性剂的质量分数优选0.5%～40%。

所述非离子表面活性剂优选脂肪醇聚氧乙烯(9)醚、脂肪醇聚氧乙烯(7)醚、脂肪醇聚氧乙烯(5)醚、支化脂肪醇聚氧乙烯醚、烷醇酰胺、氧化胺、烷基糖苷(APG)和烷基葡萄糖酰胺中的任一种或几种的混合物。

所述螯合剂优选乙二胺四乙酸二钠盐、柠檬酸钠和有机磷酸盐中的任一种或几种的混合物,其中更优选柠檬酸钠。

所述黏度调节剂优选氯化钠、硫酸钠、聚丙烯酰胺及其改性聚合物、聚丙烯酸、聚丙烯酸盐、马来酸酐共聚物和聚乙二醇双硬脂酸酯（DM638）中的任一种或几种的混合物，其中优选氯化钠。

所述酶制剂优选淀粉酶、脂肪酶、蛋白酶、纤维素酶和半纤维素酶中的任一种或几种的混合物，质量分数优选0.05%～5%，更优选0.1%～1%。所述酶制剂为普通市售可用于液体洗涤剂中的酶制剂。

所述酶稳定剂优选乙醇、丙二醇、硼砂、氯化钙、氯化锌、氯化镁、柠檬酸和柠檬酸钠中的任一种或几种的混合物，其中更优选氯化钙或丙二醇和硼砂的混合物，或氯化钙、丙二醇和硼砂的混合物。

产品应用 本品主要应用于餐具洗涤。

产品特性 本品具有较高性价比、较好的产品流动性和高低温稳定性，37℃下储存8周后淀粉酶的活性可以达到70.5%。同时优选了合适的原料种类、原料配比、酶制剂和酶稳定剂体系，使酶的活性在餐具洗涤剂的使用期限内发挥较高的去污力。使用时在不伤害瓷器、玻璃和金属表面及修饰物的情况下能够较好地去除餐具器皿上较难去除的顽渍和污点。

配方8 经济液体餐具洗涤剂

原料配比

原 料	配比(质量份)	原 料	配比(质量份)
十二烷基苯磺酸	7.3	氯化钠	0.89
椰油酸二乙醇酰胺	2.4	水	87.6

制备方法 在水中加烧碱，搅拌下缓缓加入十二烷基苯磺酸，然后加入椰油酸二乙醇酰胺和氯化钠，混至透明。最后以硫酸或氢氧化钠调pH=6.5～7.5就制备成本品。

产品应用 本品是一种用于手洗餐具的高效洗涤剂。

产品特性 本品在洗涤剂配方中加入了一种新的系列表面活性剂——椰油酸二乙醇酰胺，产品无毒、无刺激，可降低配方产品的刺激性。此外由于本品原材料价格便宜和工艺简单，使得产品成本低、投资少。

配方9 浓缩型餐具洗涤剂

原料配比

原 料	配比(质量份)			
	1#	2#	3#	4#
脂肪醇聚氧乙烯醚硫酸钠	10	14	16	20
α-烯基磺酸钠	30	22	10	21

续表

原料	配比(质量份)			
	1#	2#	3#	4#
椰油酰胺丙基氧化胺	22.5	20	30	25
脂肪酸烷醇酰胺	12	15	8	5
脂肪醇聚氧乙烯(3)醚	5	2	1.5	0.5
脂肪醇聚氧乙烯(5)醚	2	3	4	6
脂肪醇聚氧乙烯(15)醚	8	6	5	2
二乙二醇丁醚	10	17.5	25	20
1,2-苯并异噻唑啉-3-酮	0.3	0.2	0.2	0.1
香精	0.2	0.3	0.3	0.4

制备方法 按质量份配比，在搅拌下将脂肪醇聚氧乙烯醚硫酸钠、α-烯基磺酸钠、椰油酰胺丙基氧化胺、脂肪酸烷醇酰胺、脂肪醇聚氧乙烯（3）醚、脂肪醇聚氧乙烯（5）醚、脂肪醇聚氧乙烯（15）醚、二乙二醇丁醚依次加入化料釜中至完全溶解，再加入 1,2-苯并异噻唑啉-3-酮、香精，搅拌均匀、静置，得浓缩型餐具洗涤剂。

产品应用 本品是一种浓缩型餐具洗涤剂。

产品特性 本品为浓缩配方，可节约生产、运输成本，利于节能降耗。本品中脂肪醇聚氧乙烯醚硫酸钠、α-烯基磺酸钠、椰油酰胺丙基氧化胺、脂肪酸烷醇酰胺、脂肪醇聚氧乙烯醚互相配伍，协同作用，增强了体系的乳化、渗透、分散能力，赋予体系丰富的泡沫和优异的去除油污能力。本品中二乙二醇丁醚的加入使体系渗透、分散水溶性增加，易于清洗，残留低，可有效清洁餐具。本品对环境友好、无毒无刺激，不会损伤皮肤，且在稀释 4 倍的条件下去污力仍然达到国家标准要求。

配方 10 手洗餐具洗涤剂

原料配比

原料	配比(质量份)			
	1#	2#	3#	43
茶皂素晶体	3	11	9	20
AES	8	6	4	7
椰油基二乙醇酰胺(6501)	1	3	7	5
磺酸	2	3	1	2
片碱	0.2	0.3	0.1	0.2

续表

原　　料	配比(质量份)			
	1#	2#	3#	43
AOS	3	2	1	2
EDTA-2Na	0.2	0.1	0.3	0.2
卡松	0.1	0.2	0.4	0.3
香精	0.5	0.4	0.2	0.3
乙醇	2	2	1	3
水	80	72	76	60

制备方法　先用水和片碱调制缓冲液，缓冲液在80～90℃时加入茶皂素晶体，搅拌溶解；再依次加入AES、6501、磺酸、AOS、EDTA-2Na、卡松和香精，再搅拌成胶乳液；冷却至室温，然后加入乙醇搅拌均匀，得洗涤剂；经包装，检验后，成品入库。

产品应用　本品是一种手洗餐具的洗涤剂。使用时在水中加入上述洗涤剂数滴，将餐具浸泡2～5min，再用清水洗净即可。若用本品滴少许在抹布上，直接擦洗餐具，再用清水洗净，效果更佳。

产品特性　本品对人无毒性，对环境无污染，且具有一定的杀菌、络合重金属的作用。

配方11　天然生物质洗涤剂

原料配比

原　　料	配比(质量份)		原　　料	配比(质量份)	
	1#	2#		1#	2#
新鲜鳞毛蕨叶子	5	—	水(一)	20	30
气干鳞毛蕨叶子	—	5	EDTA	4	4
新鲜无患子果实	5	—	水(二)	36	36
气干无患子果实	—	5			

制备方法

(1) 林木植物品种的选择：鳞毛蕨叶子、无患子植物果实。

(2) 鳞毛蕨生物质提取液或粉：称取鳞毛蕨鲜叶切碎、打浆或干化叶粉碎，鳞毛蕨原料可以经过高粉碎比物料粉碎工艺粉碎，进行备料。备好的鳞毛蕨打浆料或粉碎料放入提取罐，加入水，进行三罐三步逆流提取，固液比控制在1∶(5～10)，浸提温度80～95℃，浸提时间控制在1.0～2.0h。浸提完后进行浸提料液的压滤或离心卸料分离操作，对得到的头步浸提液进行减压或加压或微孔过滤净化处理，滤去部分不溶物和浸提物料残渣即得到鳞毛蕨浸提净化液。鳞毛蕨浸提净化液进行真空浓缩蒸出多余的水，60～65℃真空减压浓缩至原体积的1/2～1/5，得到鳞毛蕨净化浓缩液，即鳞毛蕨提取物。鳞毛蕨叶子提取净化浓缩液要求固体含量20%～35%。可以将浓缩的鳞毛蕨浓缩液用高压蒸汽灭菌罐在120℃条件下灭菌15min，备用。鳞毛蕨提取净化浓缩液也可以进行压力喷雾或离心喷雾干燥，进一步制成粉状鳞毛蕨提取物。压力喷雾或离心喷雾干燥进气温度可以控制在110～250℃，排气温度65～90℃。

(3) 无患子生物质提取液或粉：称取新鲜的无患子果实，加2倍水打浆粉碎，制取无患子打浆液。或将采集的无患子日晒或用烘干机干燥（60～65℃）至气干恒重。对气干至恒重的无患子干果进行肉核分离操作，被分离出的皮肉可以经过高粉碎比物料粉碎工艺粉碎，进行备料。将制备好的无患子打浆液打入提取罐，补加水至固液比在1∶(5～10)的范围内；或将制备好的无患子粉碎料加入提取罐中，加水至固液比控制在1∶(5～10)的范围内，进行三罐三步逆流提取，浸提温度80～102℃，浸提时间控制在1.0～2.0h。浸提完后进行浸提料液的压滤或离心卸料分离操作，得到的浸提液进行减压或加压或微孔过滤净化处理，滤去部分不溶物和浸提物料残渣即得到无患子浸提净化液。无患子浸提净化液进行真空浓缩蒸出多余的水，60～65℃减压浓缩至原体积的1/2～1/5，得到无患子净化浓缩液，即无患子提取物。无患子提取净化浓缩液要求固体含量20%～35%。无患子提取净化浓缩液为无味微黄、接近透明的黏性液体。可以将浓缩的鳞毛蕨浓缩液用高压蒸汽灭菌罐在120℃条件下灭菌10～15min，备用。无患子提取净化浓缩液也可以进行压力喷雾或离心喷雾干燥，进一步制成粉状无患子提取物。压力喷雾或离心喷雾干燥进气温度可以控制在115～250℃，排气温度65～90℃。

(4) 按配比制备出的液状或粉状鳞毛蕨、无患子天然生物质洗涤剂，其配方组成如下。液状产品：无患子果肉提取液，固体含量20%～35%，用量30%～80%；鳞毛蕨科植物叶子提取液，固体含量20%～35%，用量10%～40%；水余量。按上述配比分别称取无患子提取净化浓缩液、鳞毛蕨提取净化浓缩液，并打入搅拌容器中，补加一定量的水，并加入适量的植物助剂与天然香精，搅拌均匀后，检测出料、装瓶。粉状产品：无患子果肉提取物，固体含量90%～95%，用量20%～75%；鳞毛蕨科植物叶子提取物，固体含量90%～95%，用量20%～50%。按上述配比分别称取无患子提取净化浓缩物、鳞毛蕨提取净化浓缩物，加入适量的植物助剂与天然香精，混合搅拌均匀后，检测出料、包装。

产品应用 本品是一种鳞毛蕨、无患子天然生物质洗涤剂，主要用于餐具的绿色清洗。

产品特性 本品清洁油渍效果颇佳，其中鳞毛蕨植物叶子提取液有天然杀菌作用，无患子果肉提取液有天然去污作用，两者均纯天然、无毒、安全、环保。

配方 12 烷基糖苷餐具洗涤剂

原料配比

原料	配比(质量份)			
	1#	2#	3#	4#
烷基糖苷(APG)	5	12	15	12
α-烯烃磺酸盐(AOS)	6	10	15	10
α-脂肪酸甲酯磺酸盐(MES)	7	10	15	10
椰油基二乙醇酰胺 (6501)	2	5	8	6
卡松	0.08	0.2	0.5	0.2
玉洁新	0.05	0.1	0.3	0.1
丙三醇	2.0	—	—	—
多元醇保湿剂	—	2.0	—	—
丙二醇	—	—	4.0	—
乙二醇	—	—	—	2.0
芦荟提取液	0.08	0.1	0.5	0.5
香料	0.1	0.2	0.3	0.3
水	加至 100			

制备方法 将上述原料按配比混合均匀，过滤配制成烷基糖苷餐具洗涤剂。

产品应用 本品主要应用于餐具洗涤。

产品特性 其中烷基糖苷 APG 的主要原料来自椰子油和玉米，是一种对人体皮肤无刺激、很温和的植物源表面活性剂；同时配以 α-烯烃磺酸盐，简称 AOS，是一种性能优良的洗涤剂原料，在硬水中有很好的起泡性和去污力，其具有毒性低、对皮肤刺激性小以及性能温和的优点。α-脂肪酸甲酯磺酸盐(MES) 具有良好的生物降解能力，对鱼类毒性小，对皮肤刺激性比 LAS 等阴离子表面活性剂小，水溶性及耐硬水性好。而配制的多元醇保湿剂和芦荟提取液能对手起到很好的保护作用。该产品刺激性小、毒性低，能生物降解；酸碱度为中性，真正不伤手，即使不洗干净也不会在体内聚集，可排出体外；不含磷酸盐，无毒副作用。

配方13 洗涤灵

原料配比

原　　料	配比(质量份)	原　　料	配比(质量份)
甲基三甘醇醚硫酸钠	21.4	仲烷基磺酸钠(SAS)	5.0
水	33.6	香精、染料、防腐剂	适量
合成醇聚氧乙烯(8)醚	60		

制备方法

(1) 将质量分数为27%甲基三甘醇醚硫酸钠、合成醇聚氧乙烯(8)醚与60%SAS按上述配比充分地进行溶解搅拌得到A溶液；

(2) 然后再把水与A溶液进行混合，搅拌至均匀；

(3) 最后把香精、染料和防腐剂加入混合液中即得到本品所涉及的餐具洗涤灵。

产品应用 本品主要应用于餐具洗涤。

产品特性

(1) 不含磷酸盐和烷基苯磺酸钠，有良好的生物降解性，属无毒无公害产品；

(2) 有较强的杀菌、抑菌作用，洗涤快捷方便，安全卫生；

(3) 黏稠度适中，去污力强，用量少等。

配方14 消毒杀菌去污片

原料配比

原　　料	配比(质量份)		
	1#	2#	3#
释氯	40	60	90
表面活性剂	4	7	3
碳酸氢钠(碳酸钠)	26	14	2
琥珀酸	13	8	—
硼酸	—	—	1.5
沸石	0.5	1.5	2
羧甲基纤维素钠	1	1	1.5
三聚磷酸钠	8	5	—
硫酸钠	3	2	—
硅酸钠	4	0.5	—
硬脂酸镁	0.5	1	—

其中的释氯：

原料	配比(质量份)		
	1#	2#	3#
SDC	36	48	63
TDCA	4	12	27

制备方法 将各组分混合均匀即可。

产品应用 本品是一种消毒杀菌去污片。

产品特性 本品片剂含有效氯5%～70%，具有广谱安全、杀菌除臭、去污漂白、速溶高效、无残留等特点。本品主要用于餐具茶具、医疗器械、家用冰箱、碗柜、水果蔬菜、食品工业、卫生用具、衣物、循环水池、养殖业等消毒杀菌洗涤，也可作棉织品的漂白剂及公共场所除臭去污剂。

配方15 中药餐具洗涤剂

原料配比

原料		配比(质量份)				
		1#	2#	3#	4#	5#
粉剂	薄荷	20	20	20	20	20
	冰片	10	10	10	10	10
	粉碎蛋壳	25	25	25	25	25
	丝瓜络(打成纤维状)	25	25	25	25	25
	稻壳	20	20	20	20	20
	麦麸皮	10	10	10	10	10
	玉米秆	20	20	20	20	20
	高粱壳	20	20	20	20	20
脂肪酶		—	5	—	—	5
蛋白酶		—	—	5	—	5
淀粉酶		—	—	—	5	1

制备方法

(1) 把薄荷、冰片、粉碎蛋壳、丝瓜络（打成纤维状）、稻壳、麦麸皮、玉米秆、高粱壳打碎制成粗粉，混合制成粉剂。

(2) 在粉剂当中加入酶（脂肪酶、蛋白酶或淀粉酶）。

产品应用 本品是一种中药餐具洗涤剂。洗餐具时，可先将餐具浸湿，再用上述洗涤粉剂涂擦。

产品特性 本品采用薄荷、冰片、丝瓜络、蛋壳粉、植物纤维粉制成，且原料易得，成本低廉。由于薄荷、冰片含有挥发性物质和挥发油等成分，可以破坏脂肪分子链，促使脂肪溶解，同时还具有杀菌和消毒的作用，特别是对残留农药具有较好的去除能力。蛋壳粉、丝瓜络和其他植物纤维都具有一定的物理摩擦作用和较强的吸附能力，生物复合酶具有溶解油污的作用，因而对餐具的洗涤效果非常明显，而且不伤皮肤，其排放物也没有毒副作用。

二、果蔬洗涤剂

配方 1 纯天然洗洁露

原料配比

原料	配比(质量份)		
	1#	2#	3#
甜菜碱	32	24	16
蛋白酶	1	0.05	0.1
茶皂素晶体	—	22.5	10
椰子油衍生物	—	20	10
米醋	—	0.55	0.1
柠檬香精	—	0.75	0.5
中药提取液	—	—	0.5
水	100	100	100

制备方法 将原料溶解在水中，搅拌均匀即可。

产品应用 本品可用于清洗果蔬、饮具，洗手、护手、洗发、护发、沐浴等。

产品特性 本品具有良好的脱油、去污、清除农药残余成分、杀菌、消毒、增香、护肤、清热解毒、杀虫止痒、滋润皮肤、清爽舒适作用。

配方 2 纯天然洗洁液

原料配比

原料	配比(质量份)		原料	配比(质量份)	
	1#	2#		1#	2#
山茶子饼的浸出液	80	90	7°米醋	1	—
绿茶叶的浸出液	20	10	9°米醋	—	1

制备方法

(1) 将新鲜山茶子饼粉碎，过筛成100目粉，加入为山茶子饼粉重的1.5～2.5倍的90～100℃水浸渍60～120min，取上清液，过滤，得浸出液；

(2) 将绿茶叶加入为绿茶叶重15～25倍的90～100℃水浸渍30～60min，取上清液，过滤，得浸出液；

(3) 取山茶子饼的浸出液与绿茶叶的浸出液混合，过滤，得混合滤液；

(4) 将混合滤液煎煮10～20min，得浓缩混合滤液；

(5) 在浓缩混合滤液中，按配比加入7°～9°米醋，即得产品。

产品应用 本品适用于洗涤碗碟餐具、炊具或清洗水果、蔬菜。

产品特性 本品采用了山茶子饼作为原料，将山茶子饼榨油后的剩余物质，压成饼，其浸出液具有脱油去污、杀菌消毒功效。绿茶叶为另一种原料，其浸出液也有脱油去污、杀菌消毒功效，且能改变色泽，增加茶香，具有抗氧化、防腐蚀作用，使之保存时间延长。兑入少量米醋，能进一步增强以上两种浸出液浓缩混合滤液的脱油去污、杀菌消毒功效，使之效果更佳，且无任何副作用，无污染。

配方 3 果蔬残留农药解毒清洗剂

原料配比

原料	配比(质量份)	原料	配比(质量份)
乳化剂	15	消泡剂	0.3
果酸	2	增稠剂	0.5
柠檬酸	4	香精	0.01
生物酶	2	水	76.09
稳定剂	0.1		

制备方法 先将乳化剂、果酸和柠檬酸放置于带有搅拌器的容器中搅拌，搅拌均匀后再加入稳定剂、增稠剂、生物酶、消泡剂、香精和水混合均匀后即可制成成品。

产品应用 本品用于水果、蔬菜的清洗。

产品特性 本品是一种水果蔬菜残留农药解毒清洗剂，采用纯天然食品级的原料配制而成，对水果蔬菜的残留农药的分解去除率达90%～98%。本品具有使用方便、无二次污染、对人体无毒无刺激、使用安全可靠等特点。

配方 4 杀菌消毒洗洁剂

原料配比

原料	配比(质量份)	原料	配比(质量份)
脂肪醇硫酸钠	12.5	柠檬香精	0.3
脂肪醇硫酸酯三乙醇胺	12.5	增稠剂(食盐)	适量
防腐剂(4538)	0.2	水	加至100

制备方法 按上述配比取物料，把各种物料分散于水中搅拌均匀，即得

成品。

产品应用 本品主要用于洗涤水果、蔬菜、生吃食物及各种食用器皿。

产品特性 本品成分和生产工艺简单，具有较强的去污、杀菌、去除有害物质的能力，对人体无毒害，不损伤水果、蔬菜等食物所含营养成分，具有使用安全方便等特点。

配方5 蔬菜残留农药清洗剂

原料配比

原料	配比(质量份)										
	1#	2#	3#	4#	5#	6#	7#	8#	9#	10#	11#
蔗糖脂肪酸酯	4	13	3	32	58	—	—	—	—	—	—
脂肪醇聚氧乙烯醚	—	—	—	—	—	12	—	—	—	—	—
脂肪醇聚氧乙烯酯	—	—	—	—	—	—	58	—	—	—	—
烷基酚聚氧乙烯醚	—	—	—	—	—	—	—	25	—	—	—
聚氧乙烯酰胺	—	—	—	—	—	—	—	—	45	—	—
聚氧乙烯脂肪胺	—	—	—	—	—	—	—	—	—	3	—
吐温-80	—	—	—	—	—	—	—	—	—	—	30
碳酸钠	8	15	10	50	30	12	85	—	40	—	15
偏硅酸钠	4	8	6	32	40	—	—	—	15	—	—
三聚磷酸钠	—	—	—	—	—	5	—	—	—	—	15
硅酸钠	—	—	—	—	—	—	28	—	—	18	—
过硼酸钠	—	—	—	—	—	—	—	30	—	—	—
氯化钠	4	6	8	32	50	12	22	10	10	—	18
柠檬酸钠	5	15	6	35	40	5	25	10	—	10	13

制备方法 将原料依次加入搅拌机内搅拌均匀即可。

产品应用 本品用于蔬菜残留农药的清洗。

产品特性 本品具有高效、安全、简便、快捷的特点，对人体无毒无刺激，生物降解率高，可保护生态环境。

配方6 蔬菜水果专用清洗剂

原料配比

原料	配比(质量份)	原料	配比(质量份)
脂肪醇聚氧乙烯醚硫酸钠	9.5	乙二胺四乙酸二钠	1.2
烷基糖苷	5.5	香精	适量
脂肪醇聚氧乙烯醚	3.8	水	加至100
尿素	0.5		

制备方法 将上述原料混合，搅拌均匀后，即可包装出厂。

原料介绍 本品以表面活性剂如阴离子表面活性剂、非离子表面活性剂和天然表面活性剂烷基糖苷为去污剂，根据乳化油溶性农药所需的亲水亲油平衡值（HLB）进行配比，再加入螯合剂以增强其去除农药能力，同时加入杀菌剂、芳香剂、水等原料，搅拌混合均匀即可。

本品各组分质量份配比范围为：

（1）去污剂为阴离子表面活性剂、非离子表面活性剂和天然表面活性剂烷基糖苷的混合物，该混合物的配方如下。

阴离子表面活性剂可以是以下一种或几种的混合：脂肪醇醚硫酸盐、各类磺酸盐。脂肪醇醚硫酸盐可以是脂肪醇聚氧乙烯醚硫酸钠等；磺酸盐可以是烷基苯磺酸盐、链烷磺酸盐等。

非离子表面活性剂可以是以下一种或几种的混合：脂肪胺聚氧乙烯化合物、脂肪酰胺聚氧乙烯化合物、脂肪酸聚氧乙烯化合物、脂肪醇聚氧乙烯化合物、烷基酚聚氧乙烯化合物、聚氧乙烯聚氧丙烯嵌段聚合物，其烷基含 8～24 个 C 原子，环氧乙烷数可为 3～12mol。它们可以是脂肪醇聚氧乙烯（9）醚、脂肪醇聚氧乙烯（7）醚、脂肪醇聚氧乙烯（3）醚、仲烷醇聚氧乙烯醚等。

天然表面活性剂可以是烷基糖苷、葡萄糖酰胺等。

（2）螯合剂可以是乙二胺四乙酸及其钠盐、乙二胺四丙酸及其钠盐、环己二胺四乙酸及其钠盐、二乙三胺五乙酸及其钠盐、柠檬酸及其钠盐，加入后与表面活性剂发生协同作用，增强去除农药能力。

可根据需要添加不同的芳香剂和色素。

产品应用 本品用于清洗水果蔬菜。

产品特性 本产品避免了磷酸盐对生态环境存在的潜在危害性，有利于生态环境保护。同时产品为中性，烷基糖苷为天然表面活性剂且可减轻手洗对皮肤的刺激性，提高了产品的安全性。且制造方法简单，能有效去除水果蔬菜表面的残留农药。

配方 7 食物专用清洗剂

原料配比

原料	配比(质量份)	原料	配比(质量份)
干豌豆	15	乳酸钠	1
10%食盐溶液	30	乙二胺四乙酸钠	0.5
硅藻土	2	苯甲酸钠	0.5
聚乙烯吡咯烷酮	1	水	47
柠檬酸三钠	5		

制备方法 将干豌豆放入粉碎机进行粉碎，使其呈粉状，然后，将其与10%食盐溶液混合以便提取水解蛋白质。在此过程中还需加入硅藻土（助滤剂），通过加热和搅拌作用以便达到精制的目的。

另将聚乙烯吡咯烷酮投入搅拌容器中充分搅拌至小块聚合物膨胀，缓慢入液，呈黏性聚合物溶液，再进行加热搅拌。

另将柠檬酸三钠、乳酸钠、乙二胺四乙酸钠放入搅拌容器中进行充分搅拌，然后加入食品防腐剂苯甲酸钠混合搅拌，制得螯合剂。

最后，将蛋白质溶液、聚合物溶液与螯合剂、防腐剂一起送入离心机进一步精制后，流至成品储槽，此时，可根据要求，置放食物色素或香精以使洗涤剂有清香味和颜色。另外，加以适量的碱液、盐酸稀溶液以调节清洗剂的 pH 值呈中性。

原料介绍 本清洗剂包括水溶性、水分散性好的天然蛋白质种子、聚乙烯吡咯烷酮、水溶性螯合剂及食品防腐剂，利用天然种子蛋白质来取代人工合成活化剂，从而避免了因使用人工合成活化剂而给食物造成第二次污染。它既能吸附食物中农药、化肥残留量，又能保持食物原有的色、香、味和营养成分。为增强吸附能力，本品选用了水溶性好的聚乙烯吡咯烷酮，它能吸附留在荤、素食物上的有机磷、有机氯、昆虫腐质等污物以便清除。为适合鱼、肉食品的清洗，本品增加了乙二胺四乙酸钠和乳酸钠，它们与柠檬酸三钠一样能发生螯合作用，并有杀菌作用。因此，可将动物、植物类食物中所含的碱土金属及重金属离子螯合以便形成络合物，在食物中被除去，特别是对鱼、肉食品中所带的汞、铅、砷等多价离子。这种添加剂对细菌细胞还有抑制和破坏的作用。

为确保人体皮肤不致受损伤，本清洗剂成品控制在 pH 值为 6～8 的中性范围。

产品应用 本品主要用于清洗荤素食物。

产品特性 本品使用方便，浸渍净化食物只需 5min 左右，成本低廉。

配方 8 水果表皮水锈斑清洗剂

原料配比

原料	配比(质量份)
次氯酸钙(含氯 60%)	1
碳酸氢钠	1
水	250

制备方法 将次氯酸钙或次氯酸钠与碳酸氢钠（可溶性盐类）按1∶1比例，分别包装于各自的塑料袋里。使用时，再将它们混合，呈水溶液状态即可。

原料介绍 本品清洗原理是将次氯酸钙或次氯酸钠和碳酸氢钠水溶液混合后发生反应，短时间内立即放出大量氧化力极强的初生态氧，可以快速、高效杀灭水果表皮附着的病菌，达到除掉水果表皮上的水锈斑的目的。

产品应用 分别取100g次氯酸钙（含氯60%）和100g碳酸氢钠，同时投入25kg的清洁水中，水温控制20～25℃，并不断搅拌，使之很快溶解、反应，然后将装有25kg带水锈斑的水果的果筐迅速浸没于药液中，浸泡2min后捞出，用清水冲洗，摊到席子上晾干即可。

产品特性 本品除去水果皮上的水锈斑快速、高效，除锈率达100%，省工、省时，操作方法极为简便，设备资金投入极少，适合每个果农家庭应用。

配方9 易洗果蔬清洗剂

原料配比

原料	配比(质量份)			
	1#	2#	3#	4#
脂肪醇聚氧乙烯(15)醚	5.0	3.5	—	7.0
脂肪醇聚氧乙烯(9)醚	—	—	4.0	—
椰油酸二乙醇酰胺	3.0	2.3	3.0	—
椰油酸单乙醇酰胺	—	—	—	2.0
乙醇	4.0	5.9	10.0	3.0
碳酸钠	0.5	1.0	2.0	3.0
香精	0.005	0.01	0.01	0.01
水	加至100			

制备方法 将各组分溶于水即可。

原料介绍 本品利用非离子表面活性组分对油和水的浸润性，改变果蔬表面的残留农药物理特性，使农药脱离果蔬表面达到洗涤效果，同时利用大多数农药在碱性溶液中可以水解破坏的特征，达到消除农药残毒的目的。

产品应用 本品主要用于清洗水果、蔬菜。

产品特性 采用本品，可有效地洗掉果蔬表面的残留农药，易于用水清洗，可保障食品的安全卫生。

配方 10 果蔬用含醋杀菌清洗剂

原料配比

原　　料	配比(质量份)	原　　料	配比(质量份)
食用醋	80	2,4,4-三氯羟基二苯醚	1.2
土豆类淀粉	15	水	3.0
烷基多苷表面活性剂	1.5		

制备方法　制备时，先选好 pH 值在 3.5～5.0 的食用醋，在土豆类淀粉中加入上述醋的一部分搅拌后备用；再将 2,4,4-三氯-羟基二苯醚加到水中溶解，搅拌均匀备用；然后将剩余的食用醋及烷基多苷表面活性剂、淀粉液、2,4,4-三氯-羟基二苯醚水溶液按比例混合，并在高速均质机（10000r/min）内搅拌 4min，充分溶解均匀即可。

原料介绍　食用醋的酸度为 3.5～5.0（pH 值）且不含防腐剂；淀粉可为玉米、土豆类食用淀粉，对油污具有较好的吸附清除作用；表面活性剂可为烷基多苷表面活性剂；2,4,4-三氯羟基二苯醚具有良好的杀菌作用。

产品应用　本品主要用于水果、蔬菜及餐具的清洗。

产品特性　含醋杀菌消洗剂的制备方法科学合理、简单易行，成本低，效益好。采用本产品清洗后的水果、蔬菜及餐具，不但清洁彻底、不留异味，且其含有的醋酸对水果、蔬菜中的维生素还具有一定的保护作用。

配方 11 果蔬残留农药清洗剂

原料配比

原　　料	配比(质量份)	原　　料	配比(质量份)
脂肪醇聚氧乙烯醚	7	苯甲酸钠	0.1
6501	8	柠檬酸	0.2
乙二胺四乙酸二钠盐	0.2	香精	0.5
氯化钠	1	水	83

制备方法　按上述配比，首先将 7kg 脂肪醇聚氧乙烯醚与 50kg 纯水混合，加热至 45～50℃溶解后，分别加入氯化钠 1kg、乙二胺四乙酸二钠盐 0.2kg、苯甲酸钠 0.1kg，全部溶解后冷却，加水 33kg，再慢慢加入 6501 8kg，搅拌至完全均匀后用柠檬酸调 pH 值至 7.0～8.0，最后加食用香精 0.5kg，搅拌均匀即得成品，包装后检验出厂。

产品应用　本产品使用方法为：每千克水中加入 2～3g 清洗剂，倒入水果、蔬菜浸泡 6～10min，用清水冲净即可除去水果、蔬菜表面的残留农药。

产品特性 本清洗剂的原料采用食品级原料配制而成，通过表面活性剂的作用，将脂溶性的残留农药等有害物以水包油形式分散，溶于水中，从而达到清除目的。对水果、蔬菜表面的残留农药去除率高达99.2%，同时还可将果蔬表面的细菌、霉菌、虫污以及铅、汞等重金属洗涤干净。由于采用了生物降解性好、对鱼类等生物无毒的表面活性剂，洗涤果蔬后排出的废水不会造成二次污染，清洗后果蔬本身的品质不会发生变化。

配方12 果蔬残留农药消毒清洗剂

原料配比

原料	配比(质量份)	原料	配比(质量份)
脂肪醇聚氧乙烯醚硫酸钠	1	乙醇	2
烷基苯磺酸钠	1	丙三醇	1
氯化钠	2	水	92.5
碳酸钠	0.5		

制备方法 取脂肪醇聚氧乙烯醚硫酸钠、烷基苯磺酸钠、热水（10质量份）直接搅拌，接着将其置于水浴加热条件下搅拌，至完全溶解后，趁热加入氯化钠，再搅拌至溶解，静置降温至室温，这时加入碳酸钠、乙醇、丙三醇，全部搅匀最后加入剩余质量份的室温水，搅拌至完全溶解，静置一夜后，待泡沫消失，缓缓罐装入容器，即得最终产品。

产品应用 将瓜果蔬菜用清水浸湿，将本剂洒在瓜果蔬菜表面，约5min后用清水冲洗即可达到无毒、无菌、无残留农药的目的。

产品特性 使用本瓜果蔬菜残留农药消毒清洗剂，能将残留农药进行彻底的消毒清洗，而且配方中各原料均为水溶性，绝无任何滞留物，稀释10倍后，可直接当洗澡用的浴液，也可当漱口水使用。

配方13 果蔬残留农药高效清洗剂

原料配比

原料	配比(质量份)	原料	配比(质量份)
烷基酚聚氧乙烯醚(OP-10)	3	苯甲酸钠	0.05
椰子油烷基二乙醇酰胺(6502)	2	香精	适量
次氯酸钠	1.5	柠檬酸	适量
葡萄糖酸钠	0.1	水	加至100
乙二胺四乙酸	0.05		

制备方法 次氯酸钠和水溶解混合后，加入烷基酚聚氧乙烯醚（OP-

10)、椰子油烷基二乙醇酰胺（6502）和乙二胺四乙酸（EDTA）进行搅拌后，再加入葡萄糖酸钠、苯甲酸钠和香精、柠檬酸，再搅拌均匀后即为成品，然后包装。

产品应用 将本品配成0.5%的水溶液，倒入蔬菜或水果中浸泡10～14min，而后用清水冲洗干净即可。

产品特性 本蔬菜水果残留农药清洗剂，是用食用级的原料配制而成，对蔬菜、水果的残留农药去除率达99%以上，且还可去除蔬菜、水果表面的灰尘、油污、虫污等，对人体无副作用，使用方便简单。

配方14 果蔬残留农药喷施清洗剂

原料配比

原料	配比(质量份)		原料	配比(质量份)	
	1#	2#		1#	2#
聚醚改性硅油	2	3	碳酸钠	2	1
蔗糖单月桂酸酯	6	8	碳酸氢钠	3.7	1.85
丙二醇	25	28	水	61.3	58.15

制备方法 先将水投入搅拌罐内，再加入聚酯改性硅油、蔗糖单月桂酸酯、丙二醇，此时开动搅拌机，然后加入碳酸钠和碳酸氢钠，再行搅拌15～20min，观察到全部物料溶解后，灌装即得成品。

原料介绍 配方中使用了最有效的降低表面张力的表面活性剂聚醚改性硅油，除其本身可有效地洗除农药残留外，它还能增强其他表面活性剂的洗涤作用。由于硅油早已经在食品工业上应用，因此它是一种对人体高度安全的表面活性剂。此外配方中采用了弱碱性的碳酸盐缓冲体系，它提高了清洗剂清除残留农药的效果，并保证持续地补充水果蔬菜上的某些物质所消耗的碱性，维持最佳清洗作用。配方中的丙二醇可用乙醇代替，清洗农药的效果和杀菌能力均略有降低。碳酸钠缓冲液可由任一pH值为8～10的其他碳酸盐如碳酸钾-碳酸氢钾、碳酸钠-碳酸氢钾、碳酸钾-碳酸氢钠来代替，或由磷酸盐缓冲体系如磷酸氢二钠-磷酸二氢钠、磷酸氢二钾-磷酸二氢钾、磷酸氢二钠-磷酸二氢钾和磷酸氢二钾-磷酸二氢钠来代替，洗涤效果不会下降。

产品应用 先将要清洗的水果和蔬菜用清水淋湿，再将清洗剂均匀地喷在水果或蔬菜上，静置5～10min后用自来水冲洗干净即可食用或烹饪。经测定，本品对水果蔬菜上的农药如马拉硫磷、辛硫磷、西维因、氯氰菊酯、代森锰锌、萘乙酸等的去除率在75%～96%。

产品特性 本品在使用方法上有了很大的改进，即采用喷施，这样既提高了清洗剂的洗涤效果，又减少了清洗剂的用量。由于采用了喷施，使得丙二醇的杀菌活性保持较高，从而可有效地杀灭水果蔬菜上的许多有害菌。

配方 15 果蔬残留农药纯天然清洗剂

原料配比

原料		配比(质量份)									
		1#	2#	3#	4#	5#	6#	7#	8#	9#	10#
木瓜蛋白酶活性/(紫外单位/g)	200万	400	300	500	—	—	—	—	—	—	—
	60万	—	—	—	600	—	—	—	—	—	—
	20万	—	—	—	—	600	—	—	—	—	—
	300万	—	—	—	—	—	100	—	—	—	—
	100万	—	—	—	—	—	—	400	—	—	—
	80万	—	—	—	—	—	—	—	400	400	—
	120万	—	—	—	—	—	—	—	—	—	600
菠萝蛋白酶/(紫外单位/g)	30万	300	400	—	—	—	—	300	—	—	100
	20万	—	—	200	—	—	—	—	—	—	—
	40万	—	—	—	—	300	500	—	—	—	—
	35万	—	—	—	—	—	—	—	300	—	—
	25万	—	—	—	—	—	—	—	—	300	—
食用碳酸氢钠		100	70	130	150	130	100	80	—	300	100

制备方法

(1) 按比例分别称取木瓜蛋白酶、菠萝蛋白酶和食用碳酸氢钠，将称取的原料混合均匀后制成片剂、粉剂或水剂。

(2) 具体使用时，可选用每千克果菜加清水 1000～3000mL，加酶清洗剂片剂或粉剂 2～6g，浸泡 5～15min，再用清水冲净即可食用。

产品应用 本品是一种植物蛋白酶制剂果蔬残留农药清洗剂。

产品特性 所采用的木瓜蛋白酶或菠萝蛋白酶均从番木瓜或菠萝果实中提取，为纯天然物质，对人体无害，不会造成环境的二次污染。采用植物蛋白酶清洗剂浸泡清洗采后果菜，是利用蛋白酶的水解作用，直接分解果菜表面上的残留物质，达到去除残留农药等物质的效果。据测定，可去除采后果菜农药残留率 56%～99.06%。同时，在处理过程中，植物蛋白酶还直接水解果蔬本身的蛋白质，达到嫩化果蔬的效果，经处理后的果菜食用时更脆嫩、鲜美。

配方 16　果蔬残留农药解毒清洗剂

原料配比

原　　料	配比(质量份)	
	1#	2#
乳化剂	10～20	15
果酸	1～2	2
柠檬酸	3～5	4
生物酶	1～2	2
稳定剂	0.1～0.2	0.1
消泡剂	0.3～1	0.3
增稠剂	0.1～0.5	0.5
香精	0.01～0.015	0.01
水	加至 100	76.09

制备方法　先将乳化剂、果酸和柠檬酸放置于带有搅拌器的容器中搅拌，搅拌均匀后再加入稳定剂、增稠剂、生物酶、消泡剂、香精和水混合均匀后即可制为成品。

产品应用　本品是一种专用于水果、蔬菜残留农药解毒清洗剂。将本品按1∶200 配成水溶液，倒入水果或蔬菜中浸泡 10min 左右，再用清水冲洗干净即可食用。

产品特性　本品采用纯天然食品级的原料配制而成，对水果蔬菜的残留农药的分解去除率达 90%～98%，具有使用方便、无二次污染、对人体无毒无刺激、使用安全可靠等特点。

配方 17　果蔬残留农药降解清洗剂

原料配比

原　　料	配比(质量份)	原　　料	配比(质量份)
红糖	1	乳酸	0.1
80～100℃水(一)	10	水(二)	2
壳聚糖	0.1	柠檬酸	适量

制备方法

(1) 将红糖加入 80～100℃水（一）中溶解，冷却至 40℃，将共生菌放入其中。

(2) 将壳聚糖、乳酸加入水（二）分散，然后加热至80℃后溶解，冷却至40℃以下。

(3) 将步骤（2）加入步骤（1）中在30～40℃温度下发酵24h以上，然后用柠檬酸将pH值调至3.5～4.5，再包装。注意使用深色的食品塑料瓶包装本品，避免高温高压和阳光暴晒。

产品应用 本品是一种果蔬残留农药降解清洗剂。使用时，将清洗剂稀释500倍，浸泡果蔬30min可降解果蔬残留农药、化肥。

产品特性 清洗后的果蔬，不仅降解了残留农药，而且改善了口感。洗涤后的排泄水不仅无二次污染，还可降解其他废水中的有机废物，保护环境。

配方18 低成本果蔬清洗剂

原料配比

原　料	配比(质量份)	原　料	配比(质量份)
明胶(分子量10000左右)	4	96%柠檬酸钠	10
水解明胶	4	水	100
75%乙醇	20		

制备方法 按配方量将明胶和水解明胶溶解于水中浸泡30min并搅拌至全部溶解，将柠檬酸钠溶解于水中搅拌至全部溶解，不断搅拌，将柠檬酸钠溶液徐徐添加于明胶和水解明胶的混合水溶液中，最后加入乙醇，搅拌均匀即可。

产品应用 本品主要用于果蔬清洗。

产品特性 本品清洗去污，能够达到理想的消毒效果，可洗净果蔬表面的污垢、农药等。本品使用方便，环保卫生，制作方便，成本低，易推广。

配方19 高效能复合膏状洗洁精

原料配比

原　料	配比(质量份)	原　料	配比(质量份)
十二烷基苯磺酸钠	26	防腐剂(尼泊金乙酯)	0.5
脂肪醇聚氧乙烯醚硫酸盐	26	柠檬香精	0.8
十二烷基二乙醇酰胺	21	盐	12
壬基酚聚氧乙烯醚	10	水	约5.6972
pH调节剂(柠檬酸)	约0.0028		

制备方法 将各组分混合均匀即可。

产品应用 本品可用于清洗餐具、蔬果。

产品特性 本产品对清洗蔬果及油污具有特别效用，高效、无毒、价格适中、方便运输。

配方 20 苹果清洗剂

原料配比

原料	配比/(g/L)		
	1#	2#	3#
吐温-20	0.2	0.2	0.2
草酸	1.0	—	—
	5.0	—	—
	10.0	—	—
	15.0	—	—
	20.0	—	—
	25.0	—	—
氯化钠	—	1.0	—
	—	5.0	—
	—	10.0	—
	—	20.0	—
	—	30.0	—
	—	40.0	—
二氧化氯	—	—	1×10^{-3}
	—	—	3×10
	—	—	5×10^{-3}
	—	—	7×10^{-3}
	—	—	9×10^{-3}
	—	—	11×10^{-3}
水	加至 1L		

制备方法 将各组分溶于水混合均匀即可。

产品特性

(1) 价格低廉。

(2) 清洗效果好，无残留。

(3) 清洗后对苹果果实商品性影响小。

配方 21 去除果蔬表面农药和微生物的清洗剂

原料配比

原料	配比(质量份)	原料	配比(质量份)
有机酸	10～20	增效剂	0.1～0.5
表面活性剂	1～5	水	加至 100
植物提取物	1～5		

制备方法

(1) 称取一定量的水加入配料容器中，加热至 50℃左右，并保持恒温；

(2) 按比例称取表面活性剂加入配料容器中，搅拌均匀至溶液透明；

(3) 按比例称取植物提取物加入配料容器中，搅拌均匀至溶液透明；

(4) 按比例称取有机酸加入配料容器中，继续搅拌；

(5) 待有机酸溶解后，加入增效剂，搅拌至溶液透明；

(6) 按照比例补充加入水，搅匀；

(7) 按照产品规格要求进行罐装，即得到产品。

原料介绍 所述有机酸为乙酰丙酸、柠檬酸、苹果酸、乳酸中的一种或几种。

所述表面活性剂为聚氧乙烯脱水山梨醇单油酸酯、十二烷基硫酸钠、单硬脂酸甘油酯中的一种或几种。

所述植物提取物为葡萄多酚、丁香酚、香芹酚、百里香酚中的一种或几种。

所述增效剂为碳酸钠、碳酸镁中的一种或两种。

产品应用 本品是一种去除果蔬表面农药和微生物的清洗剂。

产品特性 本品所使用的主要成分均无污染、无毒无害，对果蔬、人类和环境均不会产生不良影响。本品能够显著地去除果蔬表面的各种农药残留和病原菌，合理使用时，可去除果蔬表面 99%以上的农药残留和病原菌，从而保证果蔬产品的安全性。

配方 22 杀菌洗涤剂

原料配比

原料	配比(质量份)							
	1#	2#	3#	4#	5#	6#	7#	8#
脂肪醇聚氧乙烯醚硫酸钠	10	15	5	20	30	10	15	5
烷基糖苷	15	12	10	15	10	20	15	30
葡萄柚种子提取物	2 (体积份)	1 (体积份)	0.5 (体积份)	5 (体积份)	3 (体积份)	0.05 (体积份)	3 (体积份)	0.1 (体积份)

续表

原料	配比(质量份)							
	1#	2#	3#	4#	5#	6#	7#	8#
金银花提取物	0.5	2.0	1.5	0.5	—	1.5	0.2	—
甘油	30(体积份)	15(体积份)	20(体积份)	10(体积份)	50(体积份)	25(体积份)	40(体积份)	10(体积份)
柠檬酸钠	5	2	1	5	—	0.5	5	—
水	加至100							

制备方法 将上述原料混合后，加水至100，混合均匀。

产品应用 本品是一种杀菌洗涤剂。

产品特性 本品所含有的葡萄柚种子提取物、金银花提取物均为植物的天然提取物，并且都取自可食用部分，因此无任何毒副作用，使用安全且具有生物降解作用，合乎卫生要求。以本洗涤剂对果蔬进行洗涤，洗涤效果良好且具有良好的杀菌效果。

配方23 除农残杀菌洗涤精

原料配比

原料	配比(质量份)		
	1#	2#	3#
烷基糖苷	10	15	20
脂肪醇聚氧乙烯醚	—	10	5
氧化胺	—	5	5
十二烷基醇醚硫酸钠	5	—	—
十二烷基丙基甜菜碱	—	—	10
椰油酰胺丙基甜菜碱	5	3.0	1.0
乙二胺四乙酸	0.1	0.4	0.6
羧甲基纤维素钠	2.0	—	—
聚乙烯吡咯烷酮	2.0	—	—
卡波	—	—	1.0
黄原胶	—	1.0	—
亚氯酸钡	—	—	2.0
亚氯酸钾	—	0.6	—
亚氯酸钠	0.2	1.0	—
柠檬酸	—	—	适量
柠檬酸钠	适量	适量	2.0
水	加至100		

制备方法 按比例称取适量的水，加热至60～70℃，加入表面活性剂、螯合剂、增稠剂组分，搅拌均匀，然后降温至20～30℃，加入二氧化氯前体，搅拌均匀，最后调产品pH值为6.5～8.5，即得。

原料介绍 所述表面活性剂，除了烷基糖苷之外还包括，十二烷基硫酸钠、十二烷基硫酸铵、椰油醇醚羧酸钠、天然脂肪醇聚氧乙烯醚、脂肪醇醚羧酸盐、椰油酰胺丙基羟磺酸甜菜碱、仲烷基磺酸钠、十二烷基醇醚硫酸钠、十二烷基醇醚硫酸铵、椰油酰胺丙基甜菜碱、十二烷基丙基甜菜碱、脂肪醇聚氧乙烯醚、氧化胺中的一种或几种。

所述二氧化氯前体为选自亚氯酸钠、亚氯酸钾、亚氯酸锂、亚氯酸镁、亚氯酸钡中的一种或几种。

所述螯合剂为乙二胺四乙酸、乙二胺四乙酸二钠、乙二胺四乙酸四钠中的一种或几种。

所述增稠剂为羧甲基纤维素钠、羟乙基纤维素钠、聚乙烯吡咯烷酮、黄原胶、卡波、PEG-150二硬脂酸酯、PEG-120甲基葡萄糖苷酯、丙烯酸共聚物、聚乙二醇6000双硬脂酸酯、交聚聚丙烯酸酯、海藻胶、氯化钠、椰油脂肪酸单乙醇酰胺、椰油脂肪酸二乙醇酰胺中的一种或几种。

所述pH调节剂为柠檬酸、柠檬酸钠、磷酸氢二钠、磷酸二氢钠、磷酸二氢钾、硼砂、硼酸中的一种或几种。

产品应用 本品是一种除农残杀菌洗涤精。使用方法：取适量的水滴加本品几滴（质量分数大约为0.5%～1%），混匀后加入待清洗的果蔬、餐具，浸泡5～10min，然后用流水冲洗干净即可。

产品特性 本品性质温和、安全环保，可生物降解，用后无残留，不但可用于清洗瓜果蔬菜，而且也可用于餐具的洗涤，实现了去污、去农残、杀菌消毒一步完成。本品选用二氧化氯作为杀菌成分，杀菌效果好，作用时间短，灭菌率高，在使用过程中不会产生氯仿等致癌物，而且细菌不会对其产生耐受性，即用即生效。

配方24 山药皮洗涤剂

原料配比

原料	配比(质量份)		
	1#	2#	3#
山药皮活性物混合液	92.0	96.0	98.0
苯甲酸	1.5	1.3	0.5
柠檬酸钠	1.0	0.7	0.3
无水乙醇	5.5	2	1.2

制备方法 将山药皮粉浸入氢氧化钠溶液中，每1g山药皮粉加入3mL的氢氧化钠水溶液，40℃浸泡10h后，过滤，分离出山药皮粉残渣，得山药皮活性物混合液。然后将柠檬酸钠、苯甲酸在搅拌下缓慢加入，使其充分混匀后，再加入无水乙醇，搅拌使其充分混匀，即得本品，包装即可。

产品应用 本品是一种山药皮洗涤剂，用于果蔬清洗。

产品特性 本品具有良好的稳定性、温和性、易冲洗性，去污力强，泡沫丰富，是一种能够有效地清洗油污以及蔬菜和水果、抗微生物、环保的绿色餐具洗涤剂，并且原料廉价，产品安全，制作简单。

配方25 生物质果蔬用洗涤剂

原料配比

原　　料	配比(质量份)	原　　料	配比(质量份)
面粉	50～60	食用面碱	1～2
水	30～40	酒精	2～5
食盐	4～8		

制备方法 将各组分混合均匀即可。

产品应用 本品是一种生物质果蔬用洗涤剂。

产品特性 本品一是排放物在自然环境中可完全降解，对周围环境没有任何污染；二是对人的身体健康没有任何伤害，适合家庭、饮食行业以及宾馆等场所果蔬的洗涤使用。

配方26 食用菌基天然生物质洗涤剂

原料配比

原　　料	配比(质量份)	原　　料	配比(质量份)
食用菌蒸煮水解净化浓缩液	30～50	天然香精	2～5
EDTA	适量	水	加至100
植物助剂	2～5		

制备方法

(1) 食用菌基植物品种的选择：冬菇、草菇、平菇、金针菇。

(2) 采集的食用菌日晒或用烘干机干燥(60～65℃)至气干恒重。气干恒重的食用菌经过高粉碎比物料粉碎过程粉碎，粉碎度控制在20～100目，进行备料。或将采集的新鲜食用菌经洗涤、粉碎、打浆、磨浆，进行备料。将制备好的食用菌粉碎料或粉碎磨浆料加入蒸煮、水解罐中，补足水至固液比控制在1∶(6～12)的范围内，调控一定压力、pH值下进行加压蒸煮、水解操作，水解温度控制在100～105℃，水解时间控制在0.5～3h。蒸煮、水解完成后进行蒸煮水解料液的中和、分离操作，把溶液调至弱碱性，使溶液的 pH 值为 9～10。减压、加压或微孔过滤净化处理，滤去部分不溶物和浸提物料残渣即得到食用菌基水解、中和净化液。得到的食用菌基水解、中和净化液进行减压浓缩，蒸出多余的水，60～65℃减压浓缩至原体积的 1/5～1/2，制得一定浓度的食用菌蒸煮水解净化浓缩液，要求固体含量 15～35 份。食用菌蒸煮水解净化浓缩液为无味微黄、接近透明的黏性液体。可以将浓缩的食用菌蒸煮水解净化浓缩液用高压蒸汽灭菌罐在 120℃条件下灭菌 10～15min，备用。

(3) 按配比称取食用菌蒸煮水解净化浓缩液，并加入 EDTA、植物助剂与天然香精，搅拌均匀后，检测出料、装瓶。

产品应用 本品是一种食用菌基天然生物质洗涤剂。

产品特性 本品主要用于餐具、果蔬的绿色清洗，其特点是纯天然、无毒、安全、环保。

配方 27 蔬菜水果用洗涤剂

原料配比

原料	配比(质量份)	原料	配比(质量份)
蔗糖脂肪酸酯	15	水	60
椰子油烷醇酰胺	6	香料	6
95%乙醇	12		

制备方法 将表面活性剂与水加热溶解后，加入其他组分，充分搅拌即成。

产品应用 本品主要是一种蔬菜水果用洗涤剂。

产品特性 用水稀释本品后洗涤蔬菜水果，可洗去附在蔬菜水果表面上残留的农药和细菌，其无毒无害，使用安全，无刺激性气味。

配方 28 蔬菜水果专用洗涤剂

原料配比

原料	配比(质量份)					
	1#	2#	3#	4#	5#	6#
水	50	80	52.9	65	70	65.5
十二烷基二甲基苄基氯化铵	1	5.5	8	6.9	7.8	10
十二醇聚氧乙烯醚硫酸钠	15	9	20	10	5	6
脂肪醇聚氧乙烯醚	15	3	5	8	9	8
椰油酸单乙醇酰胺	8	1	6	5	4	5
香精	1	0.5	0.1	0.1	0.2	0.5
氯化钠	10	1	8	5	4	5

制备方法 在反应釜中加入水，打开反应罐蒸汽阀门，反应罐夹层进蒸汽，使反应罐内升温至55℃，打开反应罐进料孔，投入十二烷基二甲基苄基氯化铵，搅拌20min，投入十二醇聚氧乙烯醚硫酸钠、脂肪醇聚氧乙烯醚和椰油酸单乙醇酰胺，关闭反应罐进料孔，搅拌30min，关闭反应罐蒸汽阀门，打开反应罐循环冷却水进出阀，向反应罐夹层进冷却水，使反应罐内降温至30℃，关闭反应罐循环冷却水进出阀，维持反应罐内温度，打开反应罐进料孔，投入氯化钠，搅拌溶解30min，投入香精，关闭反应罐进料阀，搅拌20min，即制得。

产品应用 本品是一种蔬菜水果专用洗涤剂。

产品特性 本品有良好的洗涤效果，能彻底去除附着于蔬菜水果表面的污物及农药残留；具有消毒广谱性，对于附着于蔬菜水果表面的各种有害真菌、细菌都有良好的消毒杀菌效果；安全性高，无毒无残留，不破坏蔬菜水果的营养价值，不伤害洗涤人员的皮肤，没有副作用。本品制备方法简单，容易实施，工艺稳定，且组合物成分均匀。

配方 29 天然表面活性果蔬清洗剂

原料配比

原料	配比(质量份)			
	1#	2#	3#	4#
30%～40%的无患子活性物提取液	20	30	35	20
47%的烷基糖苷(APG)	30	20	40	40
5%的生姜提取液	15	20	20	30
EDTA	0.1	0.2	0.2	0.3
氯化钠	0.3	1	0.5	0.5
柠檬酸	适量	适量	适量	适量
水	加至100			

制备方法

(1) 无患子活性物提取液：按1∶5（%）比例将无患子种皮浸入水中，搅拌均匀，加热至90℃静置1h，或者室温下6h，即获得无患子活性物提取液，其有效质量分数为30%～40%。

(2) 生姜提取液：可用水汽蒸馏法、溶剂浸提法、压榨法、超声波法、液体CO_2浸提法和超临界CO_2萃取法等提取生姜提取液，其有效质量分数约为5%。

(3) 反应釜中加入20%份水，加热至35～40℃，加入称量好的APG（质量分数47%），充分混合搅拌均匀；加入称量好的无患子活性物提取液到反应釜中，充分混合搅拌均匀；加入称量好的生姜提取液到反应釜中，充分混合搅拌均匀；加入 EDTA，充分混合搅拌均匀。

(4) 加柠檬酸适量调 pH 值在 7～7.5。

(5) 冷却至室温，加入适量氯化钠，充分搅拌混合 0.5h，再老化 1.5h，制得成品，装瓶出厂。

产品应用 本品是一种天然表面活性果蔬清洗剂。

产品特性 该果蔬清洗剂主要成分均为天然产物及其衍生物，对人体无毒害作用，刺激性低、溶解性好，具有泡沫丰富细腻、去污性能好、脱脂力适中、抗硬水能力强等优点，能够清除果蔬表面的污垢以及残留的农药，同时由于其主要成分为水溶性天然产物，不会造成二次污染，是理想的果蔬清洁产品。

配方 30 天然果蔬清洗剂

原料配比

原料	配比(质量份)		
	1#	2#	3#
椰子油	312	200	410
芦荟汁	53	30	90
碳酸钠	160	100	220
水	480	350	500

制备方法 按上述比例将水投入配料锅中，在搅拌下加入碳酸钠，待其溶解后缓缓加入椰子油和芦荟汁，在温度 60～80℃下加热 60～90min，冷却至常温时用过滤机进行过滤，得滤液即可。

产品应用 本品主要用于果蔬清洗。

产品特性

(1) 能有效去除、降解果蔬中的农药、化肥等有害残留物，而且不改变食物味道，还能延长保鲜期。

(2) 安全无毒，消毒后可以直接食用。

(3) 适用于各种水果、蔬菜及餐具。

(4) 本品的工艺操作简单，成本低。

洗涤时，由于搅拌、搓擦，油脂分散成细小的油滴。亲油原子团与油滴结合在一起，而亲水原子团则与水结合在一起。这样就使本来互不溶解的油和水结合了起来，从而达到洗涤的效果。

三、洗衣剂

配方1　防缩水洗衣液

原料配比

原　　料	配比(质量份)	
	1#	2#
脂肪醇聚氧乙烯醚	6	11
脂肪酸钠盐	3	10
防风提取物	3	8
三氯生 DP-300	0.2	1
十二烷基二甲基苄基溴化铵	4	10
角鲨烷	2	7
甘油	5	9
苄索氯铵	1	3
硫酸钠	3	6
十二烷基苯磺酸钠	2	8
十二烷基苯磺酸镁	1	5
赖氨酸	1	4
甲基椰油酰基牛磺酸钠	7	10
野菊花提取物	1	5

制备方法　将各组分原料混合均匀即可。

产品应用　本品主要是一种稳定的防缩水洗衣液。

产品特性　本产品性能稳定，能够有效预防衣物缩水，同时使衣物更加亮泽。

配方2　无刺激的婴幼儿洗衣液

原料配比

原　　料	配比(质量份)			
	1#	2#	3#	4#
2-溴-2-硝基-1,3-丙二醇	11	10	5	18
脂肪酸甲酯磺酸钠	12	8	20	20

续表

原料	配比(质量份)			
	1#	2#	3#	4#
丙二醇	4	5	3	5
植物防腐剂	2	3	1	3
四硼酸钠	4	5	5	2
羟丙基三甲基氯化铵瓜尔胶	2	2.5	2	1
柠檬酸	2	3	1	2
水	50	40	30	20

制备方法 将各组分原料混合均匀即可。

产品应用 本品主要是一种去污力强、温和无刺激的婴幼儿洗衣液。

产品特性 本产品提供的洗衣液温和无刺激，不伤手，不伤衣物，对衣物有柔软作用，除此之外洗衣液的除油、除汗渍能力强，且易冲洗，节水节能，适合手洗，是一种高效、环保、低碳、清洁、温和的洗涤产品。

配方 3 无患子洗衣液

原料配比

原料	配比(质量份)	原料	配比(质量份)
无患子提取液	60	柠檬酸	0.04
APG0810 烷基糖苷	10	薰衣草精油	0.06
椰子油	8	水	21.9

制备方法 将各组分原料混合均匀即可。

原料介绍 所述无患子提取液的加工工艺为：取无患子果皮洗净后粉碎至30～40 目，加 2 倍水，在 75℃温度下搅拌、挤压煮 40min，用三层滤网过滤取无患子提取液体，自然冷却至常温。

产品应用 本品主要是一种天然无刺激、洗衣效果好、除菌抑菌效果好的无患子洗衣液。

产品特性 本产品以具有天然植物皂素的无患子和绿色表面活性剂 APG0810 烷基糖苷为主要成分，其 pH 为中性，刺激性低，具有天然环保植物去污活性和抗菌活性，对人体和环境无害，具有去污能力强、抑菌灭菌、温和不伤皮肤、泡沫细腻易漂洗的功效和特点。

配方 4 无磷强力去污洗衣液

原料配比

原　料	配比(质量份)		
	1#	2#	3#
皂粉	6	4	5
表面活性剂	35	15	30
烷基糖苷	4	1	3
增稠剂	2	1	1
柠檬酸钠	1	0.5	1
无水氯化钙	0.05	0.01	0.05
荧光增白剂	0.5	0.02	0.5
抗皱剂	1.5	0.6	1
酯基季铵盐	3	2	3
酶制剂	1.5	1	1.5
竹叶黄酮	0.03	0.005～0.03	0.005～0.03
水	加至100		

其中皂粉：

原　料	配比(质量份)		
	1#	2#	3#
对甲苯	10	5	10
碳酸钠	10	5	10
五水偏硅酸钠	10	6	10
钙皂分散剂	30	20	30
沸石	20	10	15
过碳酸钠	15	10	15
过硼酸钠	20	10	15
柠檬酸	10	5	8
过氧化氢	20	10	16
乳化剂	15	10	15
香精	1	0.01	1
光漂剂	1	0.01	1
有氧蛋白酶	10	8	7

制备方法 将各组分原料混合均匀即可。

原料介绍 所述表面活性剂选自脂肪酸聚氧乙烯酯、椰油脂肪酸二乙醇胺、脂肪醇聚氧乙烯醚硫酸钠和十二烷基甜菜碱中的至少一种。

所述酯基季铵盐为1-甲基-1-油酰胺乙基-2-油酸基咪唑啉硫酸甲酯铵。

所述抗皱剂为丁烷四羧酸、柠檬酸、马来酸、聚马来酸和聚合多元羧酸中的至少一种。

产品应用 本品主要是一种无磷去污力强的洗衣液。

产品特性 本品为中性，对人体无害，并且不会造成环境的污染。其表面活性剂不含致癌物质，且在其制备过程中没有致癌物质生成，无磷，去污力强。

配方5 无磷洗衣液

原料配比

原料	配比(质量份)		
	1#	2#	3#
脂肪酸皂	8	12	10
羟乙基尿素	5	10	8
氢氧化钠	0.5	1.5	0.9
脂肪酸甲酯磺酸钠	1.2	2.6	1.9
月桂基两性羧酸盐咪唑啉	1.8	1.8	1.2
EDTA-2Na	0.5	2.5	1.3
聚乙烯吡咯烷酮	8	8	6
椰子油脂肪酸	0.5	1.2	0.8
丙二醇	0.2	1.8	1.2
香精	6	12	8
柠檬酸	2	8	6
增白剂	0.5	1.2	0.9
水	35	50	45

制备方法 将各组分原料混合均匀即可。

产品应用 本品主要是一种无磷洗衣液。

产品特性 本洗衣液性能温和，使用过程中刺激性小，泡沫丰富，去污能力强，没有添加任何含磷成分，价格便宜，使用方便。本洗衣液解决了无磷洗衣液价格较高、无法大规模使用的现状。

配方 6 无磷去污洗衣液

原料配比

原料	配比(质量份)	原料	配比(质量份)
十二烷基苯磺酸钠(LAS)	15	柠檬酸钠	1
脂肪醇聚氧乙烯醚硫酸钠(AES)	12	油酸钠	0.5
脂肪醇聚氧乙烯醚(AEO-9)	10	香料	0.3
三乙醇酰胺	3	水	加至 100
乙醇	1		

制备方法 将 LAS、AES、AEO-9 混合，加入柠檬酸钠和水，放入恒温水浴锅（温度为 40℃），开动均质机，待混合均匀后加入乙醇、三乙醇酰胺、香料等，继续搅拌 30～40min，停止。

产品应用 本品主要是一种无磷洗衣液。

产品特性 本产品优化了无磷液体洗涤剂配方，使其去污效果更好，成本低。本产品制备的洗衣液去污力强，且不含磷，减少了对环境的污染。本产品在1%的用量时，去污指数 P 可达到 1.4。

配方 7 无酶稳定剂的高浓缩含酶洗衣液

原料配比

原料		配比(质量份)						
		1#	2#	3#	4#	5#	6#	7#
月桂醇聚氧乙烯醚硫酸钠		21	25	21	25	25	21	21
支链醇醚糖苷		20	5	27	25	10	20	20
醇醚羧酸盐		15	18	13	13	18	18	18
蛋白酶		0.01	0.02	0.05	0.1	0.1	0.1	0.1
其他助剂	香精	0.1	0.1	0.02	—	—	0.248	0.2
	色素	0.001	—	—	0.1	—	0.002	0.002
	CMIT/MIT(防腐剂)	—	—	0.2	—	0.2	0.25	0.2
水		加至 100						

制备方法 将各组分原料混合均匀即可。

原料介绍 所述的醇醚羧酸盐碳链长度为 C_{12}～C_{18}，乙氧基加合数为 3。

所述的其他助剂是指防腐剂、色素、香精中的一种或几种。

产品应用 本品是一种无酶稳定剂的高浓缩含酶洗衣液，用于清洗成人和婴儿的衣物，适用于机洗和手洗。

产品特性 由于本品使用了支链醇醚糖苷，而支链醇醚糖苷是一种绿色、环保、对蛋白酶活性影响比较小的表面活性剂，有助于蛋白酶活性的发挥。而本品中水的含量也有所降低，也没有添加酶稳定剂，同样延长了蛋白酶的寿命，可以保证足够的货架周期。另外，三种表面活性剂的合理配置，去污力增强，消耗洗衣液的量较少，从而包装和运输成本也下降。

配方 8 抗菌无泡洗衣液

原料配比

原料	配比(质量份)		
	1#	2#	3#
月桂酸硫酸钠	25	30	30
聚乙二醇(400)硬脂酸酯	5	10	5
硬脂酸镁	2	5	2
脂肪酸烷醇酰胺	3	8	3
水	30	50	30
抗菌剂三氯均二苯脲	0.1	0.3	0.1
布罗波尔	0.1	0.3	0.1

制备方法 按上述配比，将月桂酸硫酸钠、聚乙二醇（400）硬脂酸酯、硬脂酸镁、脂肪酸烷醇酰胺加到反应釜中，室温搅拌 2～3h，然后加入水、抗菌剂三氯均二苯脲、布罗波尔，搅拌 2h，静置 24h，包装即可。

产品应用 本品主要是一种无泡洗衣液。

产品特性 本产品使用时洁净效果好，且无泡沫。

配方 9 高档无泡洗衣液

原料配比

原料	配比(质量份)			
	1#	2#	3#	4#
洗衣精	200	300	240	270
植物精油	2	3	2.3	2.5
拉丝粉	20	30	25	28
全透明增稠粉	20	30	25	26
纳米除油乳化剂	20	30	25	27
水	加至 1L			

制备方法 先称量各个组分，然后将各个组分一起倒入水中，在40～50℃温度下搅拌30～60min，即成。

原料介绍 所述植物精油选用玫瑰精油、茉莉精油、茶树精油之一。

产品应用 本品主要是一种无泡洗衣液。

产品特性 本产品最大限度降低了化学制剂的含量，满足了部分家庭的高档次需要。

配方 10 无水纳米洗衣液

原料配比

原料	配比(质量份)			
	1#	2#	3#	4#
脂肪酸甲酯聚氧乙烯醚	50	58	60	65
烷基合成醇烷氧基化合物	20	17	10	10
椰子油二乙醇酰胺	9	7	8	7
月桂基硫酸钠	7	5	6	5
椰油酸二乙醇酰胺	8	7	9	8
丙二醇	6	6	7	5

制备方法

(1) 将月桂基硫酸钠加入丙二醇中，搅拌均匀后升温至75℃；

(2) 加入脂肪酸甲酯聚氧乙烯醚、烷基合成醇烷氧基化合物搅拌均匀后降温至室温；

(3) 加入椰子油二乙醇酰胺和椰油酸二乙醇酰胺，搅拌均匀；

(4) 检测合格后包装。

产品应用 本品主要是一种无水纳米洗衣液。

产品特性

(1) 本产品原料采用植物来源，不需要水作为基本原料，制作简单，活性物含量能达到95%，兑水不会出现凝胶现象，不含荧光增白剂，绿色环保，溶解迅速，低pH值，护手不伤衣物，将污垢和杂质分解成30～50nm粒径的微粒使之溶于清水中，深层洁净，低泡，漂洗容易不残留，自然生物降解，不污染环境，大量节省运输资源，减少包装浪费。

(2) 脂肪酸甲酯聚氧乙烯醚是一种非离子表面活性剂，简写为FMEE，表面张力降低能力好，湿润性能、去污能力和增溶能力好，具有杰出的渗透性和卓越的洗涤、乳化能力，而且产生的泡沫会迅速破裂，在任何浓度的水溶液中都不会产生凝胶现象，在多数条件下易于处理和配制。在自然界易生物降解，无毒性，安全环保。

(3) 烷基合成醇烷氧基化合物具有良好的润湿分散性、卓越的硬表面清洁性能，去污力强，易生物降解，在溶剂、无机盐溶液中溶解度好。

(4) 椰子油二乙醇酰胺具有润湿、净洗、乳化、柔软等性能，对阴离子表面活性剂有较好的稳泡作用，是液体洗涤剂、液体肥皂、洗发剂、清洗剂、洗面剂等各种化妆用品中不可缺少的原料。

(5) 月桂基硫酸钠，白色粉末，溶于水而成半透明溶液，对碱、弱酸和硬水都很稳定，用作洗涤剂。

(6) 椰油酸二乙醇酰胺，属于非离子表面活性剂，没有浊点，性状为淡黄色至琥珀色黏稠液体，易溶于水，具有良好的发泡、稳泡、渗透去污、抗硬水等功能。在阴离子表面活性剂呈酸性时与之配伍增稠效果特别明显，能与多种表面活性剂配伍，能加强清洁效果，可用作添加剂、泡沫安定剂、助泡剂，主要用于香波及液体洗涤剂的制造。在水中形成一种不透明的雾状溶液，在一定的搅拌下能完全透明，在一定浓度下可完全溶解于不同种类的表面活性剂中。

(7) 丙二醇用作树脂、增塑剂、表面活性剂、乳化剂和破乳剂的原料。

配方 11 无水洗衣液

原料配比

原料		配比(质量份)		
		1#	2#	3#
脂肪醇聚氧乙烯醚硫酸钠		100	80	120
非离子表面活性剂	脂肪酸甲酯乙氧基化物和脂肪醇聚氧乙烯(9)醚的质量比为3∶1	300	—	—
	脂肪酸甲酯乙氧基化物和脂肪醇聚氧乙烯(9)醚的质量比为5∶1	—	240	—
	脂肪酸甲酯乙氧基化物和脂肪醇聚氧乙烯(9)醚的质量比为1∶1	—	—	160
脂肪酸钾皂		30	20	60
酶	蛋白酶和淀粉酶的质量比为2∶1	2	5	1
柠檬酸钠		1	1	3
香精		1	1	5
防腐剂		0.8	0.2	1.2
色素		0.7	1.4	0.3
溶剂	乙醇和甘油的质量比为1∶23	664.5	—	—
	乙醇和甘油的质量比为1∶20	—	651.4	—
	乙醇和甘油的质量比为1∶25	—	—	649.5

制备方法 往溶剂中加入非离子表面活性剂，搅拌均匀，再加入脂肪酸钾皂、脂肪醇聚氧乙烯醚硫酸钠，搅拌均匀，最后加入柠檬酸钠、酶、防腐剂、香精、色素搅拌均匀即可。

原料介绍 所述非离子表面活性剂为脂肪酸甲酯乙氧基化物、脂肪醇聚氧乙烯（9）醚和脂肪醇聚氧乙烯（7）醚中的一种或其组合。原料配比举出几例。

所述脂肪酸甲酯乙氧基化物和脂肪醇聚氧乙烯（9）醚的质量比为（1～5）：1。

所述酶为蛋白酶和淀粉酶的组合物，所述蛋白酶和淀粉酶的质量比为2：1。

所述溶剂为乙醇和甘油的组合物，所述乙醇和甘油的质量比为1：(20～25)。

产品应用 本品主要是一种无水洗衣液，其成本低、用量少，且具有高效洁净力。

产品特性

（1）本产品以脂肪酸甲酯乙氧基化物和脂肪醇聚氧乙烯（9）醚的组合物、脂肪醇聚氧乙烯醚硫酸钠作为主表面活性剂，再配合蛋白酶和淀粉酶的组合物，洗涤时更易溶解，可快速与织物上的污渍起作用，对蛋白和淀粉污渍有高效专一的洗去效果，同时各组分协同，体系稳定，可延长产品的保质期。

（2）本产品的配制过程在常温下进行搅拌即可，无须加热，不需要大功率的设备，属于节能型生产，大大降低了生产成本。

配方 12 无水强力去污洗衣液

原料配比

原料		配比(质量份)			
		1#	2#	3#	4#
阴离子表面活性剂		75	90	80	60
非离子表面活性剂	脂肪醇聚氧乙烯醚(平均碳链长度为12,EO加成数为9)	8	—	—	10
	脂肪酸甲酯乙氧基化物(平均碳链长度为12,EO加成数为8)	—	5	3	—
助剂		16.4	11.1	26.5	29.3
液体复合酶	液体蛋白酶	0.2	—	—	—
	脂肪酶和纤维素酶混合物	—	0.1	—	—
	脂肪酶和液体蛋白酶混合物	—	—	0.3	—
	液体蛋白酶、脂肪酶和纤维素酶混合物	—	—	—	0.5
香精		0.4	0.3	0.5	0.1
助剂	纯碱	10	2	5	8
	小苏打	2	3	10	6
	柠檬酸钠	3	4	7	10
	马来酸与丙烯酸均聚物的混合物	1	2	4	5
	消泡剂	0.4	0.1	0.5	0.3

制备方法 首先将阴离子表面活性剂及助剂置于反应釜中搅拌，同时，将预先加热到 40～50℃的非离子表面活性剂以喷雾的形式加入，并喷入液体复合酶和香精，搅拌均匀，陈化 4～5h，包装，成品。

原料介绍 所述的非离子表面活性剂为脂肪醇聚氧乙烯醚（平均碳链长度为 12，EO 加成数为 9），或脂肪酸甲酯乙氧基化物（平均碳链长度为 12，EO 加成数为 8）。

所述的液体复合酶为液体蛋白酶、脂肪酶和纤维素酶的一种或几种。

产品应用 本品是一种无水洗衣液。

产品特性 本产品充分结合了洗衣粉和洗衣液的优点，去污力强，去污力相当于标准洗衣液的 4 倍。本产品 pH 中性温和，溶解迅速彻底，溶解性能优异，溶解液清澈透亮，避免了洗衣粉溶于水中上漂下沉的浑浊现象；洗后织物柔软无残留，不伤织物及皮肤，具有洗衣液所有的优点。外观为粉状，质量稳定，满足国家相关技术规范中的要求，有效解决了目前国内洗涤剂用品浓缩化进程中存在的问题。同时，节约包材，大幅降低包装成本、运输成本和碳排放，生产能耗低，节省生产，方便易携带，符合可持续发展理念。

配方 13 洗涤柔顺二合一洗衣液

原料配比

原料		配比(质量份)		
		1#	2#	3#
阳离子柔软剂:双(棕榈羧乙基)羟乙基甲基硫酸甲酯铵		3	3	3
非离子表面活性剂	脂肪醇聚氧乙烯(7)醚(AEO-7)	10	8	12
	脂肪醇聚氧乙烯(9)醚(AEO-9)	10	20	2
	APG:烷基多糖苷	—	3	3
	烷基醇酰胺(6501)	2	—	—
增稠剂	PEG-6000DS:聚乙二醇二硬脂酸酯	2	1.5	—
	羟乙基纤维素	—	—	0.5
	聚乙二醇二硬脂酸酯		1.5	1.5
蛋白酶 SavinaseUltra16XL		0.5	0.5	0.5
荧光增白剂 CBS-X		0.1	0.1	0.1
荧光增白剂 31#		0.1	0.1	0.1
防腐剂 KathonCG		0.1	0.1	0.1
色素		0.00001	0.00001	0.00001
香精		0.3	0.3	—
水		加至 100		

制备方法 将各组分原料混合均匀即可。

原料介绍 所述阳离子柔软剂为酯基季铵盐，优选双烷基酯基季铵盐(esterquat)。

所述非离子表面活性剂是脂肪醇聚氧乙烯醚表面活性剂、烷基醇酰胺表面活性剂或烷基多糖苷中的一种或几种。

所述脂肪醇聚氧乙烯醚表面活性剂是脂肪醇与环氧乙烷或环氧丙烷的缩合产物，其中脂肪醇与环氧乙烷或环氧丙烷的摩尔比为1∶(3～25)。脂肪醇的烷基链可为支链或直链，优选含有8～22个碳原子的支链或直链的烷基链，更优选具有8～20个碳原子的烷基醇。

所述多羟基脂肪酰胺表面活性剂的结构式为$R^2CON(R^1)_2$，其中R^1为C_1～C_4烷基、2-羟基乙基、2-羟基丙基、乙氧基或丙氧基，优选C_1～C_4烷基，更优选C_1或C_2烷基，最优选C_2烷基（即乙基）；R^2为C_3～C_{26}烃基，优选直链C_5～C_{22}烷基或链烯基，更优选直链C_8～C_{18}烷基或链烯基，最优选直链C_{10}～C_{16}烷基或链烯基。非离子多羟基脂肪酰胺表面活性剂既具有优异的去污力，还具有很好的增稠作用，可以有效地减少增稠剂的加入量。

所述烷基多糖苷（alkyl polyglycoside，APG）是糖类化合物和高级醇的缩合产物。缩合原料是植物再生资源淀粉和油脂及其衍生物葡萄糖和脂肪醇。所述烷基多糖苷可选用Cognis公司的Glucopon 215 UP、Glucopon 650 EC或Glucopon 600 CS。APG是新一代温和型“绿色”表面活性剂，水中稀释后无凝胶范围，APG的泡沫丰富细腻，且具有较好的增稠能力，应用在体系中可以减少增稠剂的用量，而且具有非常温和的特性，可以降低体系的刺激性。

所述增稠剂为聚乙二醇二硬脂酸酯类非离子增稠剂或者羟乙基纤维素类增稠剂。

所述洗涤柔软二合一洗衣液组合物还可以包括其他织物护理剂，具体可为酶制剂、荧光增白剂、防腐剂、色素、香精或护色剂中的一种或多种混合物。所述酶制剂可选用蛋白酶、半纤维素酶、过氧化物酶、酯酶、果胶酶、角蛋白酶、还原酶、纤维素酶、葡糖淀粉酶、淀粉酶、木聚糖酶、脂肪酶、氧化酶、木质素酶或支链淀粉酶中的一种或多种混合物，优选蛋白酶、纤维素酶、淀粉酶和脂肪酶的混合物。

产品应用 本品是一种洗涤柔顺二合一洗衣液组合物。

产品特性

(1) 本产品将洗涤和柔顺两种功能合二为一，不需要另外加入柔顺剂就可以达到使衣物柔顺的效果。洗涤和柔顺是两个完全不同的机理。洗涤是靠表面活性剂在水溶液中溶解，形成具有一定乳化增溶能力的胶团，当表面活性剂水溶液接触到织物时，表面活性剂水溶液首先润湿织物的表面，然后卷缩或乳化污垢颗粒，达到去污的效果。柔顺剂的柔顺机理是，柔顺剂中的阳离子基团吸附至带负电的织物表面，由于阳离子基团的另一端基具有长碳链基团或者是有机硅分子基团，这些基团可以产生柔软的效果。所以通常柔顺剂的加入时间是在漂洗阶段，即要等到织物上的污垢基本都经过洗涤作用去除之后才加入，如果与通常的洗衣粉或洗衣液同时加入，由于柔顺剂中的阳离子与洗涤剂中的阴离子成分发生反应，既降低洗涤效果，又对柔顺效果产生负面影响。另外，阳离子强烈地吸附到附有污垢的织物表面，会增加表面活性剂对污垢的洗去难度。本产品通过组分的选择使得洗衣液同时具有洗涤和柔顺的功能，包括在配方的选择方面使用非离子表面活性剂如脂肪醇聚氧乙烯醚、APG 或者烷基醇酰胺类，用于去除衣物上附着的污垢，同时体系中的阳离子化合物在洗涤过程中不与非离子表面活性剂结合，洗涤后织物表面呈负电，由于异电性相吸的作用，阳离子化合物可以较容易地吸附在织物表面，从而产生柔顺作用。所以，采用本产品的配方，就可以同时起到去污及柔顺的功效。

(2) 本产品使用方便，成本低，环境友好。

配方 14 去除油渍洗衣液

原料配比

原　料	配比(质量份)		
	1#	2#	3#
AEO-9	4	4	5
6501	3	3	4
复合生物酶	0.5	1	1
椰油酰胺丙基甜菜碱(CAB-35)	3	3	4
AES	5	5	6
EDTA-2Na	0.1	0.1	0.1
卡松液(5-氯-2-甲基-4-异噻唑啉-3-酮和 2-甲基-4-异噻唑啉-3-酮的混合物)	0.1	0.1	0.1
薰衣草香精	0.1	0.1	0.1
水	84.2	83.7	79.7

制备方法

(1) 在搅拌锅中放入足量水，加入 AES 搅拌 25min；

(2) 复合生物酶、EDTA-2Na、卡松液依次加入搅拌 5min；

(3) 加入 AEO-9 搅拌 5min，然后加入 6501，继续搅拌 5min；

(4) 加入薰衣草香精搅拌 2min 后，加 CAB-35 搅拌 5min，静置、过滤、灌装。

产品应用 本品主要用于去除衣服上的油渍、汗渍、蛋白污渍和圆珠笔印记等。

产品特性 本品采用无磷、无铝的中性配方，去污效果显著，不伤皮肤和衣物，配以水溶性生物酶使其去污指数高达 1.99（标准洗衣粉为 1.0），且能分解油污分子使之转化为水分子。

配方 15 洗护二合一洗衣液

原料配比

原料		配比(质量份)	
		1#	2#
阳离子表面活性剂:阳离子烷基多糖苷		2	6
阴离子表面活性剂	脂肪醇聚氧乙烯醚硫酸钠(AES)	10	—
	脂肪酸甲酯磺酸钠(MES)	—	1
	α-烯烃磺酸钠(AOS)	3	—
	仲烷基磺酸钠(SAS)	—	13
非离子表面活性剂	烷基糖苷(APG)	3	—
	脂肪醇聚氧乙烯(7)醚(AEO-7)	—	2
	脂肪醇聚氧乙烯(9)醚(AEO-9)	2	3
两性表面活性剂	椰油酰胺基丙基甜菜碱(CAB)	2	—
	十二烷基二甲基胺乙内酯(BS-12)	—	2
防腐剂	2-甲基异噻唑-3(2*H*)-酮(MIT)	0.1	0.1
螯合剂	聚丙烯酸盐	0.2	
	柠檬酸钠		0.5
液体蛋白酶(16XL)		0.3	0.3
酶稳定剂	丙二醇	5	5
香精		0.1	0.1
氯化钠		1.5	1
水		70.8	66

制备方法

（1）先加入称量好的水，然后分别加入阴离子表面活性剂、两性表面活性剂、非离子表面活性剂、酶稳定剂，开启高剪切均质搅拌，使物料变成乳状颗粒；

（2）加入剩余的水，开启普通搅拌，加入阳离子表面活性剂烷基多糖苷，搅拌使之溶解；

（3）加入防腐剂、螯合剂、液体蛋白酶、香精、氯化钠，搅拌使之溶解；

（4）用 300 目滤网过滤后包装。

原料介绍

所述阳离子表面活性剂为阳离子烷基多糖苷。

所述阴离子表面活性剂选自下列之一或其组合：脂肪醇聚氧乙烯醚硫酸钠、α-烯烃磺酸钠、脂肪酸甲酯磺酸钠、仲烷基磺酸钠和脂肪醇聚氧乙烯（10）醚羧酸钠。

所述非离子表面活性剂选自下列之一或其组合：脂肪醇聚氧乙烯（3）醚、脂肪醇聚氧乙烯（7）醚、脂肪醇聚氧乙烯（9）醚、仲醇聚氧乙烯醚和烷基糖苷。

所述两性表面活性剂选自下列之一或其组合：椰油酰胺基丙基甜菜碱和十二烷基二甲基胺乙内酯。

所述螯合剂选自下列之一或其组合：柠檬酸钠和聚丙烯酸盐。

产品应用 本品主要是一种洗护二合一洗衣液。

产品特性

（1）本产品采用新型阳离子表面活性剂阳离子烷基多糖苷，该原料具有烷基糖苷的绿色、天然、低毒及低刺激特点，易生物降解，对环境友好，兼具季铵盐的各种阳离子特性；同时还具有能和阴离子表面活性剂复配混溶，少量加入即产生强烈的协同增效的性能，解决了普通阳离子表面活性剂不能与阴离子复配的难题。

（2）本产品 pH 值为 6～8，接近中性，刺激性低，洗后衣物柔软度好，去污力强，在冷水及温水中均具有良好的去污效果。

配方 16 洗护二合一婴幼儿洗衣液

原料配比

原料		配比(质量份)		
		1#	2#	3#
阴离子表面活性剂	月桂醇聚脂肪醇聚氧乙烯醚硫酸钠	17	9	—
	月桂醇醚磺基琥珀酸单酯二钠盐	8	6	15
两性表面活性剂	椰油酰胺丙基甜菜碱	5	—	—
	十二烷基二甲基甜菜碱	—	2	—
	咪唑啉两性二乙酸二钠	—	—	2
非离子表面活性剂	脂肪醇聚氧乙烯(9)醚	2	5	—
	脂肪醇聚氧乙烯(7)醚	2	—	5
衣物渗透剂	PAS-8S	2	0.5	—
	改性异构醇醚 JX0-01	—	—	5

续表

原料		配比(质量份)		
		1#	2#	3#
蛋白酶稳定剂	柠檬酸钠	2	1	0.5
增稠剂	氯化钠	1	2	1.5
衣物柔顺剂	Formasil 593	1	0.5	—
	嵌段硅油 KSE	—	—	2
衣物抗沉积剂	NPA-50N	2	0.5	—
	Acusol 445N	—	—	5
蛋白酶		0.1	0.5	0.01
衣物消毒剂	硼砂	0.5	0.1	—
	对氯间二甲苯酚(PCMX)	—	—	1
衣物消泡剂	Y-14865	0.1	0.1	0.5
芦荟提取物		0.1	0.1	0.1
防腐剂	DMDM 乙内酰脲	0.4	0.4	0.4
香精		0.3	0.3	0.3
水		加至100		

制备方法

(1) 将阴离子表面活性剂和20%水加热到70℃搅拌溶解成透明液体。

(2) 降温至40℃时，加入两性表面活性剂、非离子表面活性剂、衣物渗透剂、衣物抗沉积剂、衣物柔顺剂、衣物消毒剂、衣物消泡剂、芦荟提取物、蛋白酶、蛋白酶稳定剂、DMDM乙内酰脲、香精，搅拌均匀，从而制备得到洗护二合一婴幼儿洗衣液。

原料介绍 所述阴离子表面活性剂选自月桂醇聚脂肪醇聚氧乙烯醚硫酸钠、月桂醇醚磺基琥珀酸单酯二钠盐中的至少一种。

所述非离子表面活性剂选自脂肪醇聚氧乙烯(9)醚、脂肪醇聚氧乙烯(7)醚、烷基糖苷中的至少一种。

所述两性表面活性剂选自椰油酰胺丙基甜菜碱、十二烷基二甲基甜菜碱、咪唑啉两性二乙酸二钠、椰油基两性乙酸钠中的至少一种。

所述衣物渗透剂选自改性异构醇醚JX0-01、PAS-8S中的至少一种。

所述衣物抗沉积剂选自Acusol 445N、NPA-50N中的至少一种。

所述衣物消毒剂选自硼砂、对氯间二甲苯酚(PCMX)中的至少一种。

所述衣物柔顺剂选自Formasil 593、嵌段硅油KSE中的至少一种。

所述衣物消泡剂为Y-14865。

产品应用 本品是一种洗护二合一婴幼儿洗衣液。

产品特性

(1) 本产品配方中，芦荟提取物中的蒽醌类化合物具有杀菌、抑菌、消炎、促进伤口愈合等作用。蛋白酶用于分解衣物上的奶渍等。

(2) 本产品 pH 为中性，刺激性低，去污力强，冷水、温水中具有良好的去污效果，洗衣时泡沫少，易漂洗，洗后衣物柔软度好。

(3) 本产品选用性能优良、温和的表面活性剂复配芦荟提取物，再添加衣物渗透剂、消毒剂、柔顺剂、消泡剂、蛋白酶、蛋白酶稳定剂实现洗涤和护理的功能，不但能对衣物消毒，而且具有柔软性和无刺激性的优点。

(4) 本产品选用性能优良、温和、刺激性小、无毒、易降解、可再生的绿色表面活性剂复配。再添加特殊的织物护理剂实现柔软功能，Formasil 593 是独特的氨基有机硅微乳液，属于化妆品级原料，具有纳米粒径，可以渗透到织物纤维中，使织物更加柔软和滑爽，对皮肤刺激性小，尤其适合全棉，体现其柔软及丝滑的护理效能。

配方 17 洗护二合一婴幼儿中性洗衣液

原料配比

原料		配比(质量份)	
		1#	2#
表面活性剂	脂肪醇(C_{12}～C_{14})聚氧乙烯醚硫酸钠(AES)	10	13
	烷基(C_{12}～C_{14})糖苷(APG)	3	6
	椰油酰胺基丙基甜菜碱(CAB)	2	—
	月桂酰胺丙基氧化胺(LAO-30)	—	4
	脂肪醇(C_{12}～C_{16})聚氧乙烯(9)醚	2	1
柔软剂	氨基硅油微乳液	1	0.5
脂肪酸钠	脂肪酸(C_{12}～C_{18})钠	2	—
	脂肪酸(C_{12}+C_{14}+C_{16}+C_{18})钠	—	8
螯合剂	乙二胺四乙酸二钠	0.1	—
	柠檬酸钠	—	0.5
防腐剂	2-甲基异噻唑-3(2*H*)-酮(MIT)	0.2	0.2
香精		0.1	0.1
增稠剂	氯化钠	2	1.5
水		77.6	65.2

制备方法

(1) 依次加入计量好的水，升温至60～70℃，在搅拌的同时加入表面活性剂、脂肪酸钠，搅拌使之溶解。

(2) 降温至30℃以下，加入柔软剂、螯合剂、香精、防腐剂、增稠剂，搅拌使之溶解。

(3) 用300目滤网过滤后包装。

原料介绍

所述表面活性剂为脂肪醇聚氧乙烯醚硫酸钠、脂肪醇聚氧乙烯醚、烷基糖苷、两性表面活性剂椰油酰胺基丙基甜菜碱、烷醇酰胺、月桂酰胺丙基氧化胺中的至少一种。

所述柔软剂为氨基有机硅微乳液。

所述螯合剂为乙二胺四乙酸、乙二胺四乙酸钠盐、乙二胺四丙酸、乙二胺四丙酸钠盐、柠檬酸钠中的至少一种。

洗衣液根据需要还可以加入各种本领域常用的辅料，例如香精或香料、防腐剂等。

在配制洗衣液时，除了上述主要活性组分以外，还可以采用任何本领域常用的分散介质，优选水，其质量份优选58～88.3。

产品应用 本品主要是一种洗护二合一婴幼儿洗衣液。

产品特性

(1) 本产品pH为中性，刺激性低，洗后衣物柔软度好，去污力强，冷水、温水中具有良好的去污效果，洗衣时泡沫少，易漂洗。

(2) 本产品选用性能优良、温和、刺激性小、无毒、易降解、可再生的绿色表面活性剂复配。再添加特殊的织物护理剂实现柔软功能，独特的氨基有机硅微乳液，属于化妆品级原料，具有纳米粒径，可以渗透到织物纤维中，使织物更加柔软和滑爽，对皮肤刺激性小，尤其适合全棉，体现其柔软及丝滑的护理效能。选择脂肪酸钠降低其他表面活性剂的起泡力，起到低泡作用，而且脂肪酸钠源于天然油脂，属于天然可降解原料。

配方18 洗护合一易漂洗的洗衣液

原料配比

原料	配比(质量份)		
	1#	2#	3#
烷基多糖苷	2.2	3.5	2.3
脂肪醇聚氧乙烯醚硫酸钠	10.5	12	10.6
α-烯烃磺酸钠	1	3	1.4
烷基糖苷	1	3	2

续表

原　　料	配比(质量份)		
	1#	2#	3#
脂肪醇聚氧乙烯醚	2.1	4	2.2
椰油酰二乙醇胺	2.1	2.8	2.3
聚丙烯酸盐	0.12	2.8	0.18
液体蛋白酶 16XL	0.2	0.4	0.3
4-甲酰基苯硼酸	0.55	4.8	2.6
2-甲基异噻唑-3(2*H*)-酮(MIT)	0.3	0.5	0.4
氯化钠	1.2	3.4	1.8
二甲基硅油	0.55	1.45	1.2
去离子水	77.98	58.35	72.72

制备方法　将各组分原料混合均匀即可。

产品应用　本品主要是一种洗护合一易漂洗的洗衣液，具有洗涤、护理双重功效，节能减排，使用方便。

产品特性

(1) 本产品采用新型阳离子表面活性剂烷基多糖苷，该原料具有烷基糖苷的绿色、天然、低毒及低刺激特点，易生物降解，对环境友好，兼具季铵盐的各种阳离子特性。同时还具有能和阴离子表面活性剂复配混溶，少量加入即产生强烈的协同增效性能，解决普通阳离子表面活性剂不能与阴离子复配的难题。

(2) 本产品采用 4-甲酰基苯硼酸作为酶稳定剂，可以有效地与酶活性位匹配，其与酶形成的复合物分解常数很低，具有极高的效率。

(3) 本产品 pH 值为 6～8，接近中性，刺激性低，洗后衣物柔软度好，去污力强，冷水及温水中均具有良好的去污效果。

配方 19　洗护型婴幼儿洗衣液

原料配比

原　　料	配比(质量份)		
	1#	2#	3#
非离子表面活性剂	20	25	23
烷基糖苷	10	20	17
芦荟提取物	0.5	0.8	0.6
蛋白酶稳定剂	1	3	1.8
衣物渗透剂	0.5	5	2.5

续表

原料		配比(质量份)		
		1#	2#	3#
增稠剂		0.5	2	1.3
衣物柔顺剂		0.3	2	1.7
衣物消毒剂		0.5	3	1.8
香精		0.1	0.5	0.35
中草药抗菌组分	丁香醇提物、穿心莲醇提物、甘草醇提物或乌梅醇提物的一种或任意两种混合物	0.6	1	0.8

制备方法 将各组分原料混合均匀即可。

产品应用 本品主要是一种适应婴幼儿幼嫩的皮肤，对婴幼儿肌肤温和无刺激的婴幼儿洗衣液。

产品特性 本产品不含防腐剂，以免对婴幼儿造成洗衣液残留伤害。本产品避免使用红没药醇作为抗菌剂成分，而是采用中草药提取物作为抗菌成分添加入洗衣液中，解决了红没药醇几乎不溶于水而无法发挥药用的问题，选用的中草药提取物不仅抗炎性能更强，有效抑制衣服上的细菌生长，而且对婴幼儿肌肤温和无刺激，还可以在衣物上留下一层防护膜，放置一段时间后再穿上仍然效果良好。

配方 20 洗衣房专用生物除菌洗衣液

原料配比

原料	配比(质量份)		
	1#	2#	3#
海洋生物 α-螺旋杀菌肽	2～3	2.5～3	2.0～2.7
碱性蛋白酶	1～2	1.5～2	1.0～1.8
纳米硅酸盐-丙烯酸共聚物复合无磷助洗剂	4～5	4.5～5	4.0～4.8
多羧基氧化淀粉	1～2	1.5～2	1.0～1.6
EDTA-2Na	1～1.5	1.5～1.5	1.0～1.3
氯化钠	1～2	1.5～2	1.0～1.7
阳离子聚氧乙烯胍	4～5	4.5～5	4.0～4.8
水	加至100		

制备方法

(1) 在可变速混合器中，按配比将阳离子聚氧乙烯胍缓缓加入水中混合均匀；

(2) 依次加入海洋生物 α-螺旋杀菌肽、纳米硅酸盐-丙烯酸共聚物复合无磷助洗剂和多羧基氧化淀粉，水加至100，搅拌均匀；

(3) 再按配比加入氯化钠、EDTA-2Na，搅拌，以避免产生大量的气泡，进行乳化反应；

(4) 冷却后加碱性蛋白酶搅拌均匀；

(5) 检测合格后，分装。

产品应用 本品主要用于洗衣房的高档、可水洗的衣料，如棉织物、毛织物、丝织物和高级混纺织物等，不仅具有超凡的洁净能力，还具有良好的除菌消毒作用。

产品特性

(1) 洗涤能力出色，去污能力强；

(2) 对常见的有害微生物尤其致病菌有强烈的杀灭作用，洗涤后保证织物不含菌；

(3) 洗涤后柔软，蓬松效果好；

(4) 使用浓度低，对织物和皮肤均无损伤，稳定性好；

(5) 无磷无铝的中性配方，对环境无污染；

(6) 织物防静电性和再湿润性好，并且无损伤及泛黄变形；

(7) 工艺简单，成本价格低。

配方 21 洗衣机用液体洗衣液

原料配比

原料	配比(质量份)			
	1#	2#	3#	4#
C_{13} 异构醇醚	30	25	15	25
APG(烷基多糖苷)	10	15	5	15
C_{14}～C_{18} AOS(烯基磺酸盐)	16	20	20	5
AES(天然脂肪醇聚氧乙烯醚磺酸盐)	18	16	8	25
MES(脂肪酸甲酯磺酸盐)	12	8	15	5
水	加至100			

制备方法 将各组分原料混合均匀即可。

原料介绍 所述异构醇醚碳链长度优选10～13。

所述烷基多糖苷碳链长度优选14～18。

所述脂肪醇聚氧乙烯醚磺酸盐为脂肪醇聚氧乙烯醚磺酸碱金属盐或铵盐，其碳链的长度优选12～14。

所述烯基磺酸盐碳链长度优选14～18。

所述脂肪酸甲酯磺酸盐碳链长度优选14～18。

产品应用 本品主要用于洗衣机。

产品特性

(1) 本产品可以通过全自动电子分配器添加至洗衣机内，符合商业洗衣机连续式工作的需求，避免了人工添加的烦琐；

(2) 本产品不含氮、磷等水体富营养化成分，容易生物降解，对环境友好。

配方22 洗衣机专用洗衣液

原料配比

原料	配比(质量份)	
	1#	2#
十二烷基硫酸钠	1	3
聚氧丙烯聚氧乙烯共聚物	2	5
双十八烷基二甲基氯化铵	11	15
C_{14}～C_{16} 烯基磺酸钠	2	3
硅酸钠	2	7
椰油酸二乙醇酰胺	1	2
异丙醇	1	3
乙醇	4	9
月桂醇聚氧乙烯醚	2	6
吡唑啉型荧光增白剂	3	5
烷基苯磺酸钠	10	15
水	10	20
香精	2	5

制备方法 将各组分原料混合均匀即可。

产品应用 本品主要是一种洗衣机专用洗衣液。

产品特性 本产品洗涤出色，去污力强，深层洁净，省时、省力、省水。

配方 23 高效去污洗衣液

原料配比

原料	配比(质量份)		
	1#	2#	3#
薰衣草香精	2	5	4
羟乙基纤维素	1	3	2
十二烷基苯磺酸钠	8	13	40
直链烷基苯磺酸钠	3	7	5
甘油	1	3	2
水	40	50	45

制备方法 将上述原料组分混合在一起，充分搅拌并对其加热，加热至90～100℃，冷却至常温即得洗衣液成品。

产品应用 本品主要是一种去污能力强且效率高的洗衣液。

产品特性 本产品去污能力强、效率高，有效地减少了每次洗衣时洗衣液的投入量，增加了洗衣液的使用时间，降低了洗衣成本。

配方 24 皂基洗衣液

原料配比

原料	配比(质量份)										
	1#	2#	3#	4#	5#	6#	7#	8#	9#	10#	11#
皂基	85	93	89	90	95	92	87	91	88	86	94
十二烷基磺酸钠	2.5	2.3	1.9	2	2.4	1.8	1.7	2.1	2.2	1.6	1.5
椰子油脂肪酸二乙醇酰胺	1.5	0.6	0.8	1	1.4	1.2	0.7	0.9	1.1	1.3	0.5
香精	0.06	0.02	0.1	0.2	0.08	0.5	0.01	0.04	0.3	0.05	0.4
色素	0.5	0.01	0.06	0.1	0.08	0.3	0.05	0.2	0.03	0.2	0.4
水	10.44	4.07	8.14	6.7	1.04	4.2	10.54	5.76	8.37	10.85	3.2

其中皂基：

原料	配比(质量份)										
	1#	2#	3#	4#	5#	6#	7#	8#	9#	10#	11#
油脂	20	21	23	25	27	29	22	24	26	30	28
碱	14	12	10	15	14.8	13.5	10.5	12.5	11	11.6	13
无水乙醇	29	26	30	27	21	25	23	28	24	22	20
水	37	41	37	33	37.2	32.5	44.5	35.5	39	36.4	39

制备方法

(1) 将上述洗衣液的组分按比例混合。

(2) 搅拌并加热至80～85℃；所述搅拌速度为270～320r/min。

(3) 冷却后得到洗衣液成品。

原料介绍 所述油脂为废弃食用油纯化处理工艺的产物。

所述废弃食用油纯化处理工艺：将废弃食用油倒入置有2～5层纱布的布氏漏斗中，真空抽滤，得到纯化处理后的油脂；所述真空抽滤步骤的真空度为0.080～0.098MPa。

所述皂基的制备方法如下：

(1) 将油脂、碱、无水乙醇和水按比例混合；

(2) 搅拌并加热20～40min，加热温度控制在70～90℃；

(3) 冷却后得到皂基成品。

所述油脂可以为动物性油脂或植物性油脂；

所述碱可以为氢氧化钠、氢氧化钾、碳酸钠等常用碱。

所述皂基也可以为市场中现有技术的皂基。

产品应用 本品主要是一种去污力强、性能温和的洗衣液。

产品特性

(1) 本产品去污力强。其中，皂基作为洗衣液的主要原料，由油脂、碱、无水乙醇、水混合反应而成，其洗净力强。椰子油脂肪酸二乙醇酰胺易溶于水，具有良好的发泡、稳泡、渗透、去污、抗硬水等功能，属非离子表面活性剂。十二烷基磺酸钠为阴离子表面活性剂，与皂基、非离子表面活性剂复配，配伍性好、溶解速度快，具有良好的乳化、发泡、渗透、去污和分散性能，从而提高洗衣液的去污能力。经检测，洗衣液中的总活性物大于等于39%。

(2) 本产品性能温和、刺激性小。在25℃条件下，0.1%浓度的本产品提供的洗衣液，pH值≤10，pH适中，不刺激皮肤，性能温和。

(3) 本产品具有低泡、易清洗的特点。皂基的加入，可起到控泡效果，减少泡沫的高度，从而在清洗衣物时可降低水耗，节约水资源。

配方25 强力去污洗衣液

原料配比

原料	配比(质量份)	
	1#	2#
表面活性剂	20	25
片碱	1	3
杀菌剂	0.3	0.8

续表

原料	配比(质量份)	
	1#	2#
螯合剂	0.3	0.5
荧光增白剂	0.8	1.5
增稠剂	1	1～2
酸性助剂	0.2	0.8
定香剂	0.5	1
茶皂素	2	4
水	加至100	

制备方法 将各组分原料混合均匀即可。

原料介绍

所述表面活性剂选自脂肪酸聚氧乙烯酯、椰子油脂肪酸二乙醇胺、脂肪醇聚氧乙烯醚硫酸钠和十二烷基甜菜碱中的至少一种。

所述酸性助剂为柠檬酸和月桂酸的复配物。

所述杀菌剂为对氯间二甲苯酚和三氯生的复配物。

所述螯合剂为乙二胺四乙酸和乙二胺四乙酸钠盐中的至少一种。

所述定香剂为环十五酮、环十五内酯、三甲基环十五酮、麝香-T中的任意一种。

产品应用 本品主要是一种洗衣液。

产品特性 本品气味清淡，可以去除多种顽固污渍，去污能力强，洗后织物不会发暗、发黄。

配方 26 高效洗衣液

原料配比

原料	配比(质量份)		
	1#	2#	3#
薰衣草香精	7	8	7
羟乙基纤维素	5	14	11
十二烷基苯磺酸钠	10	13	11
直链烷基苯磺酸钠	8	12	13
甘油	5	7	11
水	35	55	60

制备方法 将上述原料组分混合在一起，充分搅拌并对其加热，加热至70～85℃，冷却至常温即得洗衣液成品。

产品应用 本品主要是一种去污能力强且效率高的洗衣液。

产品特性 本产品去污能力强、效率高，有效地减少了每次洗衣时洗衣液的投入量，增加了洗衣液的使用时间，降低了洗衣成本。

配方 27 增效洗衣液

原料配比

原料	配比(质量份)									
	1#	2#	3#	4#	5#	6#	7#	8#	9#	10#
皂基	35	42	42	38	38	40	41	37	37	35
酒精	18	24	20	19	22	21	18	23	18	24
丙酮	18	24	20	19	22	21	20	18	24	18
氨水	18	24	20	19	22	21	22	24	18	20
增效剂	16	21	16	19	20	18	18	20	21	19

其中：增效剂

原料		配比(质量份)									
		1#	2#	3#	4#	5#	6#	7#	8#	9#	10#
	去污共聚物	25	42	30	32	28	28	30	35	32	33
	增白剂	2.5	4	3	3.5	4	3	3	4	3.5	3
	二甲基硅油	1.5	3	3	2	1.5	2	1.5	2	1.5	1.5
	水	10	25	12	14	18	18	15	22	18	18
去污共聚物	含羧基不饱和单体	48	48	25	27	40	32	30	38	36	35
	含聚醚链段不饱和单体	42	42	35	35	38	36	35	38	37	36
	含疏水基不饱和单体	21	21	18	19	19	18	18	21	20	20

制备方法 将各组分原料混合均匀即可。

产品应用 本品是一种洗涤效果好的洗衣液。

产品特性 在洗衣液里添加增效剂，大大提高了洗衣液的洗涤效果，机洗后的衣物洁净如新。本产品的去污效果和净白效果好，污渍在衣物上几乎无残留。

配方 28 柠檬洗衣液

原料配比

原料	配比(质量份)		
	1#	2#	3#
柠檬香精	1	6	8
醇醚	2	6	9
十二烷基苯磺酸	6	10	12
乳化剂	4	6	13
硬脂基二甲基氧化胺	3	6	7
烷基糖苷	0.9	1	1.5
皂基	0.05	3	3.5
水	加至100		

制备方法 将各组分原料混合均匀即可。

产品应用 本品是一种洗衣液。

产品特性 本洗衣液味道清香，效果显著。

配方 29 柔顺洗衣液

原料配比

原料	配比(质量份)	原料	配比(质量份)
30%的烧碱	84	甲酸钠	5
无水柠檬酸	30	硫代硫酸钠	5
月桂酸	30	荧光增白剂 CBS-X	0.4
十二烷基醇聚氧乙烯醚硫酸钠	100	KF-88	1
烷基糖苷	20	液体蛋白酶 16XL	2
脂肪醇聚氧乙烯醚	160	薰衣草香型香精	2
甘油	10	杀菌中药提取物	0.3
有效物含量 60%的有机膦酸	3	水	547.6

制备方法 将各组分原料混合均匀即可。

产品应用 本品主要是一种洗衣液。

产品特性 本产品用量少，去污能力强，使用方便，温和安全，具有洗涤和柔顺的功能。

配方 30 重垢洗衣液

原料配比

原料	配比(质量份)			
	1#	2#	3#	4#
D-柠檬烯	12	18	12	12
AES	8	8	10	12
AEO-7	10	14	14	12
乙醇	8	8	8	8
氯化钾	1.6	1.6	1.6	1.6
柠檬酸钠	2	4	3	4
水	加至100			

制备方法

(1) 将所述含量的水加入所述含量的 AES 中，在磁力搅拌下使其完全溶解后加入所述含量的柠檬酸钠，磁力搅拌 10～20min 使其完全溶解，配得混合溶液①；

(2) 将所述含量的 D-柠檬烯、乙醇先后加入所述含量的 AEO-7 中，振荡使其混合均匀，配得混合溶液②；

(3) 将上述溶液②在磁力搅拌下缓慢加入上述溶液①中；

(4) 将所述含量的氯化钾加入上述混合溶液，磁力搅拌 10～20min 使其完全溶解即可。

产品应用 本品主要是一种安全有效、易于生物降解、对皮肤刺激性小、无污染、有利于环保、使用方便的一种洗衣液。

产品特性

(1) 安全有效、易于生物降解。D-柠檬烯具有较强的去污能力，对脂溶性污垢的去污能力显著，加之其具有天然的橘皮香味、抑菌、温和、对人体和衣物伤害小的特点，通过配方优化，该洗衣液对油脂和水溶性污垢均有较强的洗涤能力，并且本配方为无磷配方，各成分均易于生物降解，符合环保理念。

(2) 制作方法简单。

(3) 对皮肤刺激性小，无污染，有利于环保，使用方便。

配方 31 胶囊洗衣液

原料配比

原料	配比(质量份)		
	1#	2#	3#
脂肪醇聚氧乙烯醚硫酸钠	11	11	11
十二烷基硫酸钠	4	4	4
柠檬酸	1	1	1
柠檬酸钠	1	1	1
氯化钠	0.5	0.5	0.5
EDTA-2Na	0.2	0.3	0.4
四乙酰乙二胺	1.5	2	2.5
过碳酸钠胶囊	2	2.5	2.5
防腐剂	0.04	0.04	0.04
香精	0.05	0.05	0.05
水	78.7	78.7	77

制备方法 按质量份配制各个原料，在搅拌容器中加入水，加热至40～45℃，加入脂肪醇聚氧乙烯醚硫酸钠搅拌使其完全溶解后，加入十二烷基硫酸钠搅拌均匀，然后加入柠檬酸、柠檬酸钠、EDTA-2Na搅拌均匀后，加入四乙酰乙二胺，最后加入过碳酸钠胶囊、防腐剂、香精，最后加入氯化钠，调节至合适的黏度。

原料介绍 所述表面活性剂为阴离子表面活性剂，总含量高于洗衣液质量的15%。

所述表面活性剂为脂肪醇聚氧乙烯醚硫酸钠、十二烷基硫酸钠中的至少一种。

为了保持过碳酸钠的稳定性，在制作胶囊的壁材中加入了稳定剂。所述的稳定剂分为吸附型、络合型或螯合型和吸附-螯合混合型，其中吸附型稳定剂包括硅酸钠、硅酸镁、脂肪酸镁盐等。络合型稳定剂包括磷酸盐类、胺羧酸盐类和多羟羧酸盐类等，而吸附-螯合混合型稳定剂包括聚多羧酸型和非硅酸盐稳定剂等。本产品所述稳定剂优选吸附稳定剂或络合稳定剂，更优选为硅酸钠、硅酸镁、脂肪酸镁盐表面活性剂稳定剂或聚丙烯酰胺稳定剂，最优选为硅酸钠。有机物壁材主要是淀粉、明胶、羟乙基纤维素、脂肪酸、聚乙烯醇、聚乙烯乙二醇、天然石蜡及合成树脂等。将选择的溶剂熔化后在一定的高度和温度下喷洒在流动床上的过碳酸钠颗粒上，一旦形成胶囊，迅速冷却，得到稳定的胶囊形式。过碳酸钠和活化剂四乙酰乙二胺（TAED）的添加，很大程度地提高了洗衣液的去污力。

产品应用 本品主要是一种液体洗涤剂。

产品特性 本产品在进行衣物洗涤时，过碳酸钠胶囊体在水的溶胀和织物之间的作用以及外力下，使得囊芯溶出，在活化剂四乙酰乙二胺的催化下，迅速释放出过氧，起到漂白去渍和杀菌的作用。

配方 32 抗霉变洗衣液

原料配比

原料	配比(质量份)			
	1#	2#	3#	4#
AES(70%的月桂醇聚醚硫酸酯钠)	6.0	2.0	8	10
6501(月桂酰胺 MEA)	2.5	1	4	5
十二烷基苯磺酸	5.0	3	6	8
AEO-9(脂肪醇聚氧乙烯醚)	3.0	1	5	6
NPA-50N	1.5	1	3	4
月桂基两性羧酸盐咪唑啉	1.0	0.5	2	3
氢氧化钠	0.5	0.1	1.5	2
氯化钠	0.5	0.1	1.5	2
荧光增白剂	0.05	0.01	1	1
香精	0.	0.1	1.5	2
卡松	0.1	0.01	1.0	2
色粉水溶液	0.5	0.1	1.5	2
水	100	50	80	90

制备方法

(1) 将部分水加入乳化罐中开启搅拌，缓慢加入十二烷基苯磺酸，搅拌5min后投入用水溶解好的氢氧化钠溶液，搅拌3min使溶液的酸碱中和。

(2) 按顺序分别将AES、AEO-9、6501、NPA-50N、月桂基两性羧酸盐咪唑啉加入乳化罐中搅拌均匀。加入原料时需要缓慢加入，每加完一样原料需搅拌5～10min后再加入另外的原料。所有原料加入完毕在搅拌情况下开启均质2～4次，每次20s，使原料充分溶解。

(3) 待上述原料溶解完全，如罐内温度超过40℃，需用冷水将罐内温度降到40℃以下，加入荧光增白剂，搅拌3min使分散均匀。

(4) 边搅拌边加入香精、卡松、色粉水溶液，加入完毕继续搅拌3min。

(5) 加入氯化钠水溶液搅拌8～10min后停止搅拌。

(6) 取样检验合格即可出料，按要求进行分装、包装。

产品应用 本品主要是一种防止细菌滋生，减少衣物抗霉变和异味的洗衣液。

产品特性 本产品通过添加NPA-50N、月桂基两性羧酸盐咪唑啉两种原料，在衣物清洗完过水后可以吸附在衣物上，在阴雨天潮湿的环境下也可以达到抗霉变和异味的作用，防止细菌滋生，使用方便，安全。

配方33 抑螨灭螨洗衣液

原料配比

原料		配比(质量份)			
		1#	2#	3#	4#
十二烷基苯磺酸钠		10	10	10	10
十二烷基聚氧乙烯(9)醚		6	6	6	6
羟乙基纤维素		2	2	2	2
除螨剂	*N*,*N*-二乙基-2-苯基乙酰胺	0.3	—	0.3	0.3
	嘧螨胺	0.1	0.25	—	0.2
	乙螨唑	0.1	0.25	0.2	—
水		加至100			

制备方法 在混合釜中，先加入水，加热至70～80℃，在搅拌条件下，加入羟乙基纤维素，溶解均匀，再加入十二烷基苯磺酸钠和十二烷基聚氧乙烯(9)醚搅拌均匀，降温至30～40℃，按配方要求再加入除螨剂，搅拌均匀，即可得到本品的洗衣液。

产品应用 本品主要是一种能有效抑螨灭螨的洗衣液。

产品特性 本洗衣液具有较高的去污能力，并有效抑螨灭螨。

配方34 茶皂素洗衣液

原料配比

原料	配比(质量份)				
	1#	2#	3#	4#	5#
茶皂素晶体	7	6	9	5	10
椰子油二乙醇酰胺	6	7	5	8	6
十二烷基苯磺酸钠	8	9	10	6	7
烷基糖苷	6	7	5	8	6
杀菌精油	2	3	1.5	1	2.5
黄瓜汁提取液	6	7	8	7	7
水	加至100				

制备方法 将各组分原料混合均匀即可。

原料介绍 所述杀菌精油为尤加利精油、丁香精油、柠檬精油、薰衣草精油中的一种。

十二烷基苯磺酸钠是一种阴离子表面活性剂，不易氧化，易与各种助剂复配，成本较低，合成工艺成熟，应用广泛，对颗粒污垢、蛋白污垢和油性污垢具有显著的去污效果。

椰子油二乙醇酰胺（1∶1.5），又称椰子酸二乙醇胺缩合物，为黄色或棕褐色黏稠状液体。在水中全部溶解成透明液体，具有使水溶液变稠的特性，能稳定洗涤液中的泡沫，对动植物油和矿物油都有良好的脱油力，具有显著悬浮污垢的作用，同时具有润湿性、抗静电性能和软化性能。

烷基糖苷（APG），是由可再生资源天然脂肪醇和葡萄糖合成的，是一种性能较全面的新型非离子表面活性剂，兼具普通非离子和阴离子表面活性剂的特性，具有高表面活性、良好的生态安全性和相溶性，是国际公认的首选“绿色”功能性表面活性剂。

所添加的杀菌精油，如尤加利精油，具有杀菌、改善肌肤的功效。用尤加利熏香，具有净化空气、杀菌、抗螨的作用，用水稀释后喷洒在家里，可以驱除蚊虫和宠物身上的跳蚤。将其用于洗衣液中，不仅可以杀菌、护肤，其芳香还可以让人心情愉悦。

产品应用 本品是一种杀菌护肤洗衣液。

产品特性 本产品洁净度高，性能温和无刺激，使用方便，并具有杀菌护肤不伤手的特点，且价格低廉。

配方 35 具有柔顺功能的洗衣液

原料配比

原料	配比(质量份)		
	1#	2#	3#
十二烷基苯磺酸钠	8	10	12
十二烷基聚氧乙烯醚	4	6	8
羟乙基纤维素	1	2	3
酯基季铵盐	4	8	12
烷基多糖苷	5	22	25
脂肪醇聚氧乙烯醚	25	28	35
聚乙二醇二硬脂酸酯	3	5	8
醇醚羧酸盐	3	11	15
水	50	60	70

制备方法 将各组分原料混合均匀即可。

产品应用 本品是一种具有洗涤和柔顺功能的洗衣液。

产品特性 本产品使用方便，成本低，温和安全，具有洗涤和柔顺的功能。

配方 36 香型洗衣液

原料配比

原料	配比(质量份)		
	1#	2#	3#
十二烷基磺酸钠	8	12	15
二甲基苯磺酸钠	5	8	10
脂肪酸甲酯乙氧基化物	4	10	12
脂肪醇聚氧乙烯醚	2	3	4
柠檬酸钠	6	7	8
磷酸钠	0.5	1	2
碱性蛋白酶	2	2	2
草木提取液	70	75	80

制备方法 将各组分原料混合均匀即可。

原料介绍 所述草木提取液为桂花、栀子花的混合提取液：首先将桂花用其10～20倍质量的水在沸腾条件下提取10～30min后，过滤取滤液，然后将栀子花用其15～30倍质量的水在沸腾条件下提取10～20min后，过滤取滤液，最后再将前述桂花滤液、栀子花滤液以1∶(0.5～1.5)的质量比混合，制得草木提取液。

产品应用 本品是一种去污能力强且兼具自然花香的洗衣液。

产品特性 本产品原料易得、安全性高，添加天然草木提取液替代香精，确保洗衣液具有自然花香，健康环保，同时该洗衣液清洁能力强，不会损害皮肤。

配方 37 消毒洗衣液

原料配比

原料	配比(质量份)			
	1#	2#	3#	4#
十二烷基二甲基苄基溴化铵	10	15	12	10
双十八烷基二甲基氯化铵	5	10	8	10
亚乙基油酸酰胺乙二胺盐酸盐	5	10	8	5
脂肪醇聚氧乙烯醚	8	15	12	15

续表

原料		配比(质量份)			
		1#	2#	3#	4#
增稠剂	卡波姆	0.1	—	—	—
	卡拉胶	—	—	—	0.1
	羧甲基纤维素钠	—	0.5	—	—
	黄原胶	—	—	0.3	—
螯合剂	柠檬酸钠	—	0.5		0.5
	羟基亚乙基二膦酸	0.1	—	0.3	—
增白剂	乙二胺四乙酸钠	—	—	0.4	0.2
水		80	95	90	95

制备方法

(1) 取水总量的30%～40%加入搅拌釜中，加热至70～80℃，边搅拌边先后加入十二烷基二甲基苄基溴化铵、双十八烷基二甲基氯化铵、亚乙基油酸酰胺乙二胺盐酸盐和脂肪醇聚氧乙烯醚，溶解后搅拌0.5～1h使之混合均匀，得到表面活性剂原液；

(2) 取去离子水总量30%～40%加入搅拌釜中，加热至50～60℃，边搅拌边加入增稠剂，持续搅拌至溶液均匀透明，得到增稠剂原液；

(3) 将表面活性剂原液和增稠剂原液混合，补足余量的水，加入螯合剂和增白剂，全部溶解后，再调节pH值至6～8，即为消毒洗衣液。

产品应用 本品是一种消毒洗衣液。

产品特性 本产品采用三种阳离子表面活性剂和非离子表面活性剂进行复配，且通过独特的配比，达到协同抗菌的效果，不仅能有效杀灭革兰氏阳性菌和革兰氏阴性菌，还能杀灭真菌，杀菌效果好。

配方38 薰衣草型洗衣液

原料配比

原料	配比(质量份)		
	1#	2#	3#
十二烷基苯磺酸钠	25	30	30
薰衣草精油	0.5	0.8	0.8
聚乙二醇(400)硬脂酸酯	5	10	8
硬脂酸镁	2	5	4
脂肪酸烷醇酰胺	3	8	6

续表

原　料	配比(质量份)		
	1#	2#	3#
水	30	50	40
蛋白酶	0.01	0.03	0.02
山梨酸钾	0.1	0.3	0.2

制备方法　按上述配比，将十二烷基苯磺酸钠、薰衣草精油、聚乙二醇(400)硬脂酸酯、硬脂酸镁、脂肪酸烷醇酰胺加入反应釜中，室温搅拌2～3h，然后加入水、蛋白酶、山梨酸钾，搅拌2h，静置24h，包装即可。

产品应用　本品是一种薰衣草型洗衣液。

产品特性　本产品使用时洁净效果好，而且无泡沫，有薰衣草清香。

配方39　羊毛用彩漂洗衣液

原料配比

原　料	配比(质量份)		
	1#	2#	3#
过碳酸钠	20	16	15
过硼酸钠	11	8	7
七水亚硫酸钠	30	25	24
柠檬酸钠	5	3.5	3
硅酸钠	4	3	2.6
过氧化氢	5	4	3.5
超级增白剂	0.5	0.4	0.38
水溶性香精	1	0.8	0.7
聚丙烯酸钠	1	0.6	0.5
丙二醇	6	5	4
水	130	115	110

制备方法

(1) 将反应釜中加入水，升温至50～60℃后，加入柠檬酸钠、硅酸钠和聚丙烯酸钠，搅拌混合均匀；

(2) 将反应釜降温至30～40℃后，加入过碳酸钠、过硼酸钠、七水亚硫酸钠和丙二醇，搅拌0.5h；

(3) 向反应釜中加入超级增白剂和水溶性香精，搅拌均匀后加入过氧化氢，继续搅拌均匀，即得羊毛用彩漂洗衣液。

产品应用 本品是一种羊毛用彩漂洗衣液。

产品特性 本产品性能温和，能够去除羊毛制品上茶锈、汗迹、血迹、咖啡等各种污渍，去污力强，同时不会损伤羊毛纤维。

配方 40 洋甘菊味洗衣液

原料配比

原料	配比(质量份)		
	1#	2#	3#
十二烷基苯磺酸钠	15	30	20
十六醇	17	20	19
脂肪醇聚氧乙烯(7)醚	10	10	9
乙二胺四乙酸二钠	18	15	18
茶树油	1.5	2	1.5
羟基亚乙基二膦酸	3	3	3.5
硫酸钠	15	11	15
碳酸钠	20	20	20
乙酸铵	8	8	8
水	63	76	63
洋甘菊精油	5	4	1

制备方法 向45℃的水中加入十二烷基苯磺酸钠、十六醇、脂肪醇（C_{12}～C_{15}）聚氧乙烯（7）醚和羟基亚乙基二膦酸，搅拌混合，向混合液中加入硫酸钠、碳酸钠和乙二胺四乙酸二钠，于45℃的温度条件下搅拌35min，进行降温后，再向混合液中加入茶树油、洋甘菊精油和乙酸铵，搅拌混合均匀，进行分装，即得。

产品应用 本品是一种洋甘菊味洗衣液。

产品特性 本产品去污力强，具有天然植物抑菌配方，温和不伤手，并具有洋甘菊的芳香气味，特别适用于敏感肌肤的使用者，对皮肤具有镇静消炎的作用。

配方 41 腰果酚聚氧乙烯醚洗衣液

原料配比

原料	配比(质量份)		
	1#	2#	3#
腰果酚聚氧乙烯醚	12	10.8	16.8
十二烷基苯磺酸钠	4	3.6	5.6
脂肪醇聚氧乙烯醚硫酸钠(70%)	5.7	5.1	8

续表

原　料	配比(质量份)		
	1#	2#	3#
硅酸钠	1	0.5	0.5
聚丙烯酸钠	0.2	0.2	0.2
氯化钠	2	3	1
EDTA-2Na	0.1	0.1	0.1
香精	0.2	0.2	0.2
乳化硅油	适量	适量	适量
水	加至100		

制备方法 将各组分原料混合均匀即可。

原料介绍 所述腰果酚聚氧乙烯醚选自EO链长为5～20的腰果酚聚氧乙烯醚中的两种或多种。

所述腰果酚聚氧乙烯醚优选自EO链长为10～16的腰果酚聚氧乙烯醚。

所述腰果酚聚氧乙烯醚、十二烷基苯磺酸钠、70%脂肪醇聚氧乙烯醚硫酸钠的用量比例为12∶4∶5.7。

所述表面活性剂选取了以下三种：非离子表面活性剂腰果酚聚氧乙烯醚、阴离子表面活性剂十二烷基苯磺酸钠和脂肪醇聚氧乙烯醚硫酸钠。

腰果酚聚氧乙烯醚具有去污力好、能有效增溶油污、泡沫低等特点。以腰果酚聚氧乙烯醚作为主表面活性剂的洗衣液既有良好的去污力，又能满足低泡易漂洗的要求。通过不同EO数的腰果酚聚氧乙烯醚复配，可以达到不同的性能要求：5EO～10EO腰果酚聚氧乙烯醚对油污的乳化能力强；10EO～12EO腰果酚聚氧乙烯醚能改善产品的流变性；14EO～16EO腰果酚聚氧乙烯醚去污力强；16EO～20EO腰果酚聚氧乙烯醚在水中溶解性好。

十二烷基苯磺酸钠常用于洗衣液产品中，与上述腰果酚聚氧乙烯醚复配使用能起到协同增效的作用。

脂肪醇聚氧乙烯醚硫酸钠产品本身去污力高，同时能增加体系的黏度。

所述硅酸钠优选无水硅酸钠，是一种助洗剂，可替代磷酸盐起到乳化、分散作用，少量添加能明显提高去污效果。

所述聚丙烯酸钠为阴离子分散剂，分子量5000～7000，能使表面活性剂去除的污垢分散于水中。

所述乳化硅油为消泡剂，用在低泡型洗衣液中起到快速消泡作用。

所述EDTA-2Na为螯合剂，对水中钙、镁离子均有较强的螯合作用。

产品应用 本品主要用于纺织品清洗，是一种腰果酚聚氧乙烯醚洗衣液。

产品特性

（1）本产品由于腰果酚聚氧乙烯醚自身的空间位阻较大，不易形成紧密排列的结构，导致泡沫不易形成，具有泡沫更低的特点。并且，由于腰果酚聚氧乙烯醚亲油端为15个碳的长链，对油污的增溶作用强，通过不同EO链长的复配，可以控制HLB值在13左右，使污垢很容易被乳化后分散于水中，具有去污力强的特点。

（2）本产品不含氮、磷等水体富营养化成分，容易生物降解，对环境友好。且腰果酚聚氧乙烯醚是由天然原料合成的，原料来源广泛，成本较低。

配方42 抑菌除螨洗衣液

原料配比

原料	配比(质量份)			
	1#	2#	3#	4#
十二烷基二甲基甜菜碱	6	5	10	5
月桂酰基甲基牛磺酸钠	8	5	10	10
木质素磺酸钠	4	3	5	3
对甲氧基脂肪酰胺基苯磺酸钠	4	3	5	5
三乙醇胺	2	0.5	3	0.5
硼酸钠	2	0.5	3	3
氯化钠	3	1	5	1
柠檬酸钠	1	0.5	2	2
复合酶	1	0.5	2	0.5
纳米二氧化钛	1.5	0.5	2	2
壳聚糖	1	0.5	2	0.5
乳化剂	3	1	5	5
螯合剂	1	0.5	2	0.5
有机溶剂	8	5	10	10
聚乙烯吡咯烷酮	0.3	0.1	0.5	0.1
羟丙基甲基纤维素	0.2	0.1	0.5	0.5
香精	0.2	0.1	0.5	0.1
增稠剂	3	1	5	5
山梨醇	2	1	3	1
水	75	50	100	100

制备方法

(1) 按质量份称取各原料备用。

(2) 向反应釜中加入水，升温到50～70℃，然后开始搅拌，并依次加入聚乙烯吡咯烷酮、羟丙基甲基纤维素、乳化剂以及纳米二氧化钛，所述的搅拌速度为100～200r/min，搅拌时间20min。

(3) 步骤(2)完成后，向反应釜中依次加入十二烷基二甲基甜菜碱、月桂酰基甲基牛磺酸钠、木质素磺酸钠以及对甲氧基脂肪酰胺基苯磺酸钠，搅拌30min后，调节反应釜内反应液的pH=7～8。所述的搅拌速度为100～200r/min。

(4) 步骤(3)完成后，将反应釜降温至35℃，依次加入柠檬酸钠、复合酶以及山梨醇，搅拌10min，然后加入三乙醇胺、硼酸钠、螯合剂以及氯化钠，再搅拌10min。所述搅拌速度为100～200r/min。

(5) 步骤(4)完成后，依次向反应釜中加入壳聚糖、有机溶剂、香精、增稠剂，搅拌20min，所述搅拌速度为100～200r/min，即得。

原料介绍

所述复合酶为碱性蛋白酶、α-淀粉酶、外切葡聚糖酶，三者的质量比为2∶1∶2。

所述乳化剂为月桂醇聚氧乙烯醚和硬脂酸聚氧乙烯酯，二者的质量比为1∶2。

所述螯合剂为酒石酸钠和葡萄糖酸钠，二者的质量比为1∶1。

所述有机溶剂为乙醇、乙二醇单丁醚和甘油，三者的体积比为2∶1∶1。

所述香精为薄荷油、桉树油、柠檬油、茉莉精油、玫瑰油或者丁香油。

所述增稠剂为黄原胶、卡拉胶或者角叉菜胶。

产品应用 本品是一种抑菌除螨洗衣液。

产品特性 本品去污力强，同时具有显著的杀菌和除螨作用，无副作用，衣料不褪色，不刺激皮肤，无污染。

配方43 抑菌清香内衣洗衣液

原料配比

原料	配比(质量份)		
	1#	2#	3#
十二烷基苯磺酸钠	6	9	7
烷醇磷酸酯	4	9	6
三聚磷酸钠	10	15	12
月桂酰单乙醇胺	4	7	5

续表

原料	配比(质量份)		
	1#	2#	3#
聚丙二醇	2	4	3
乙二胺四乙酸	6	9	7
脂肪酸二乙醇胺	1	5	2
碳酸钠	3	4	3
聚丙烯酸钠	2	6	4
酶	1	2	1
椰油酰胺丙基甜菜碱	3	6	5
六偏磷酸钠	2	5	4
溶菌酶	2	4	3
磺酸	3	5	4

制备方法 将各组分原料混合均匀即可。

产品应用 本品是一种抑菌清香内衣洗衣液。

产品特性 本产品能够完全溶解且溶解速度快，易漂易洗，不会伤及皮肤和衣物，而且可以清除衣物的异味。

配方 44 抑菌洗衣液

原料配比

原料		配比(质量份)	
		1#	2#
表面活性剂	烷基糖苷	10	5
	脂肪酸钾皂	—	8
	烷基苯磺酸钠	25	10
金银花提取物		3	1
野菊花提取物		2	3
增稠剂	卡拉胶	0.5	—
	羧甲基纤维素钠	—	0.1
防腐剂		0.5	0.2
香料		0.2	0.1
水		65	50

制备方法 将各组分原料混合均匀即可。

产品应用 本品主要是一种抑菌洗衣液。

产品特性 本产品采用金银花和野菊花这两种植物杀菌成分，能够有效抑菌，且环保无污染。

配方 45　抑菌去污洗衣液

原料配比

原　料	配比(质量份)				
	1#	2#	3#	4#	5#
十二烷基苯磺酸钠	3	6	4	5	4.5
十二烷基二甲基甜菜碱	10	3	8	4	6
脂肪醇(C_{12})聚氧乙烯醚硫酸钠	3	8	4	6	5
脂肪醇(C_{12})聚氧乙烯醚	6	2	5	3	6
羟乙基纤维素	0.5	1	0.6	0.8	0.7
中药药液	加至 100	加至 100	加至 100	加至 100	加至 100

其中中药药液：

原　料	配比(质量份)				
	1#	2#	3#	4#	5#
丁香蓼	15	25	18	22	20
欧绵马	12	8	11	9	10
山姜	5	12	7	10	8
木槿子	10	3	8	5	7
乌尾丁	10	20	10	20	15
香排草	8	3	8	3	6
盐肤木皮	8	8	8	15	12
铁棒锤	15	8	15	8	12
红根草	8	15	8	15	12
蓼子草	8	3	6	5	6
红刺玫根	2	5	3	4	4
花葱	12	8	10	9	10
牡荆子	10	15	12	15	12
铁色箭	10	3	8	5	6
大枣	3	8	5	6	6

制备方法

(1) 按照配比称取各中药组分，加入中药总质量 5～10 倍的水，加热煎制，直至水的量减少为加入量的 1/4～1/3，滤除药渣，滤液即为中药药液。

(2) 将中药药液冷却至 50～60℃，然后向中药药液中加入十二烷基苯磺酸钠、十二烷基二甲基甜菜碱、脂肪醇聚氧乙烯醚硫酸钠、脂肪醇聚氧乙烯醚和羟乙基纤维素。

(3) 充分搅拌均匀，得抑菌洗衣液。

原料介绍　产品中的丁香蓼，其水提物得没食子酸和诃子次酸三乙酯，具有抑菌作用，体外抗菌试验证实对宋内、舒氏、鲍式、志贺等痢疾杆菌及金黄色葡萄球菌、铜绿假单胞菌等有较好的抑菌作用。欧绵马的水煎剂具有抗单纯疱疹病毒的作用。山姜煎剂对结肠炎耶尔森菌和摩根变形杆菌具有较强的抑制作用，对福氏痢疾杆菌的抑制作用也很好。木槿子具有抗氧化的作用，可以抗自由基，同时具有抑制单胺氧化酶的作用。乌尾丁的煎剂、醇浸剂对金黄色葡萄球菌、变形杆菌、弗氏痢疾杆菌、铜绿假单胞菌均具有抑制作用。香排草具有抗病毒的作用，水煎剂对流感病毒甲型、乙型、丙型及副流感Ⅰ型仙台株产生抑制作用。盐肤木皮清热解毒，活血止痢，治无名肿毒、恶疮疥癞。铁棒锤具有抗炎活性，对大鼠蛋清性及甲醛性足跖肿具有显著的抑制作用，对多种急性渗出水肿性炎症也具有显著的抑制作用。红根草对革兰阳性菌、枯草杆菌、金黄色葡萄球菌具有明显的拮抗作用。蓼子草，全草煎剂对金黄色葡萄球菌、乙型链球菌、白喉杆菌、炭疽杆菌、伤寒杆菌、痢疾杆菌、铜绿假单胞菌、大肠杆菌、变形杆菌、鼠伤寒杆菌、枯草杆菌、蜡样杆菌和八叠杆菌等有较强的抗菌作用。红刺玫根具有活血通络的功效。花葱含有总皂苷，具有抗真菌的作用，最敏感的芽生菌属有热带念珠菌、白念珠菌和光滑球拟酵母菌。牡荆子水煎剂对金黄色葡萄球菌、大肠杆菌和铜绿假单胞菌有不同程度的抑制作用，对卡他球菌也有抗菌作用。铁色箭，对脑心肌炎病毒和日本乙型脑炎病毒均有抑制作用。大枣多糖具有清除自由基的作用，具有抗氧化、延缓衰老的作用。

产品应用 本品是一种具有抑菌功效且抑菌范围广的洗衣液。

产品特性 本产品去污能力强，且具有抑菌、抗病毒的作用，抑制范围广泛。同时，本产品具有抗氧化的作用，保护皮肤和衣物。

配方 46 艾叶抑菌洗衣液

原料配比

原料		配比(质量份)	
		1#	2#
表面活性剂	脂肪醇聚氧乙烯醚硫酸盐	20	—
	脂肪醇聚氧乙烯醚	—	34
NaCl		0.3	0.5
蛋白酶		0.8	0.5
卡松		0.1	0.15
艾叶提取物		0.4	0.6
对氯间二甲苯酚		0.4	0.8
香精		0.1	0.1
水		加至100	

制备方法

(1) 在搅拌器中注入水，搅拌均匀。

(2) 加入表面活性剂，搅拌均匀；在搅拌过程中对溶液进行均质。

(3) 再加入 NaCl，调节液体黏度。

(4) 依次加入蛋白酶、卡松、艾叶提取物、对氯间二甲苯酚和香精，搅拌均匀，出料静置。

原料介绍 所述的表面活性剂为月桂醇聚醚磺基琥珀酸酯二钠、烷基酰胺甜菜碱、椰油酰胺 DEA、脂肪醇聚氧乙烯醚硫酸盐、烷基糖苷、脂肪醇聚氧乙烯醚、醇醚羧酸盐、脂肪醇聚醚酰胺、烷基磺酸盐、脂肪酸钾皂中的一种或多种混合。

产品应用 本品主要是一种抑菌洗衣液。

产品特性 本产品抗菌效果好，衣物表面活性剂残留少，洗涤效果优异。采用艾叶提取物和对氯间二甲苯酚配合的效果远优于单独采用对氯间二甲苯酚的杀菌效果。

配方 47 抑菌消毒洗衣液

原料配比

原料	配比(质量份)			
	1#	2#	3#	4#
月桂醇聚氧乙烯(3)醚磺基琥珀酸单酯二钠	28	29	32	28
醇醚羧酸盐	8	12	7	7
脂肪醇聚氧乙烯醚硫酸盐	7	6	10	10
羟丙基甲基纤维素	0.2	0.2	0.3	0.3
AEO-9	3	4	2	2
PCMX	1.5	2.3	2	1.8
GXL 防腐剂	0.2	0.15	0.1	0.18
丙二醇	5	7	3	5
蛋白酶	0.5	0.7	0.5	0.6
亮蓝(0.0008g/g)	0.3	—	—	—
亮蓝(0.001g/g)	—	0.4	—	—
亮蓝(0.0015g/g)	—	—	0.4	—
亮蓝(0.002g/g)	—	—	—	0.3
香精	0.5	0.5	0.5	0.5
水	45.8	37.75	43	44.32

制备方法

(1) 在搅拌器中注入适量水，再加入月桂醇聚氧乙烯 (3) 醚磺基琥珀酸单酯二钠搅拌至完全溶解；再加入醇醚羧酸盐，搅拌均匀。加入月桂醇聚氧乙烯

(3) 醚磺基琥珀酸单酯二钠的搅拌速度为25～35r/min。

(2) 将羟丙基甲基纤维素用少量的水分散，再加入AEO-9，搅拌均匀后加入所述搅拌器中，搅拌至完全溶解。

(3) 将脂肪醇聚氧乙烯醚硫酸盐加热到45～55℃，然后与对氯间二甲苯酚混合搅拌溶解，再加入香精搅拌均匀，最后一同加入所述搅拌器中搅拌。在所述搅拌器中搅拌的时间为12～18min。

(4) 将丙二醇和蛋白酶混合，搅拌均匀后加入所述搅拌器中搅拌。在所述搅拌器中搅拌的时间为4～6min。

(5) 最后在所述搅拌器中加入GXL防腐剂、亮蓝进行搅拌，然后静置。以转速30～50r/min搅拌25～35min。

产品应用 本品是一种抑菌洗衣液。

产品特性 本产品的主要杀菌成分为对氯间二甲苯酚（PCMX），是一种广谱的防霉抗菌成分，对多数革兰氏阳性、阴性菌、真菌、霉菌都有杀灭功效。本产品通过对PCMX的浓度进行恰当限定，使得洗衣液具有很好的杀菌效果。本产品通过将对氯间二甲苯酚与其他成分配合，具有吸附异物、去除异味、抗菌消炎、自动清洁的功能，另外配方较为简单，使用安全，可用于贴身衣物的洗涤。

配方48 易清洗的多效洗衣液

原料配比

原料	配比(质量份)	
	1#	2#
碳酸钠	2	6
柠檬酸钠	3	7
十二烷基苯磺酸钠	5	11
烷基多糖苷	6	10
二苯乙烯基联苯二磺酸钠	2	4
醇醚羧酸盐	5	10
脂肪醇聚氧乙烯醚	5	11
十二烷基聚氧乙烯醚	7	10
脂肪醇聚氧乙烯醚硫酸钠	3	5
十二烷基二甲基甜菜碱	6	13
驱螨剂	0.5	2
何首乌	9	14
二甲苯磺酸钠	1	3
蛋白酶	4	10

制备方法 将各组分原料混合均匀即可。

产品应用 本品是一种易清洗的多效洗衣液。

产品特性 本产品能够很好地清洗衣物上的污渍，同时低泡易漂，节能节水，衣物具有芳香气味。

配方 49 易清洗的洗衣液

原料配比

原料	配比(质量份)	
	1#	2#
碳酸钠	6	13
椰油粉	5	10
聚乙二醇二硬脂酸酯	4	11
硫酸钠	2	6
α-烯基磺酸盐	1	5
醇醚	4	9
乳化剂	2	6
柠檬粉	7	9
珍珠粉	4	8
烷基苯磺酸钠	3	9
二叠氮二苯乙烯二磺酸钠	5	8
十六醇聚氧乙烯醚	4	9
硅酸钠	1	3
水	加至 100	

制备方法 将各组分原料混合均匀即可。

产品应用 本品是一种易清洗的洗衣液。

产品特性 本产品低泡沫、易清洗，减少水资源的浪费。

配方 50 阴阳离子表面活性剂复合型消毒洗衣液

原料配比

<table>
<tr><th colspan="2" rowspan="2">原料</th><th colspan="5">配比(质量份)</th></tr>
<tr><th>1#</th><th>2#</th><th>3#</th><th>4#</th><th>5#</th></tr>
<tr><td colspan="2">脂肪醇聚氧乙烯(9)醚羧酸钠(AEC-9)</td><td>15</td><td>10</td><td>10</td><td>10</td><td>5</td></tr>
<tr><td rowspan="2">脂肪醇聚氧乙烯醚</td><td>脂肪醇聚氧乙烯(7)醚</td><td>1</td><td>—</td><td>5</td><td>2</td><td>—</td></tr>
<tr><td>脂肪醇聚氧乙烯(9)醚</td><td>—</td><td>5</td><td>—</td><td>3</td><td>5</td></tr>
</table>

续表

原料		配比(质量份)				
		1#	2#	3#	4#	5#
烷基糖苷		3	1.5	1.5	1.5	5
短支链型脂肪醇聚氧乙烯(8)醚(XL-80)		2	1.5	1.5	1.5	3
聚六亚甲基双胍(PHMB)(20%)		1	1	1	1	2
十二烷基二甲基苄基氯化铵(1227)(45%)		0.5	1	1	1	1
双癸基二甲基氯化铵(80%)		10	7	7	7	8
盐酸溶液		0.01～0.1	0.01～0.1	0.01～0.1	0.01～0.1	0.01～0.1
香精	柠檬香精	0.2	0.2	0.2	0.2	0.2
水		67.3	72.8	72.8	72.8	70.8

制备方法

(1) 将65～75℃的所述水总量的40%～50%，加入化料釜中，然后按照上述配比所述的脂肪醇聚氧乙烯(9)醚羧酸钠、脂肪醇聚氧乙烯醚、烷基糖苷、短支链型脂肪醇聚氧乙烯(8)醚，搅拌均匀，得到溶液A。

(2) 所述溶液A的温度降至45～50℃时，按照上述配比加入所述的聚六亚甲基双胍、十二烷基二甲基苄基氯化铵、双癸基二甲基氯化铵、剩余的水，搅拌均匀，得到溶液B。

(3) 所述溶液B的温度降至35～40℃时，按照上述配比加入所述的盐酸溶液调节所述溶液B的pH值至6～8，再按照上述配比加入所述的香精，得到溶液C。

(4) 将所述的溶液C搅拌均匀后进行过滤处理，得到所述的消毒洗衣液，静置备用。过滤处理采用200目尼龙筛网。

(5) 将所述的消毒洗衣液进行检测、灌装、贴标、检测装箱，即得成品。

以上制备过程中的工艺控制点如下：

(1) 原料称取：准确称取化工原料及水。

(2) 水质量控制：整个操作过程必须保证水的质量，不能因有Ca^{2+}、Mg^{2+}、Fe^{2+}等金属离子带入而发生沉淀。

(3) 整个操作环境清洁卫生、防尘。

(4) 溶液B的温度降至35～40℃时，调节pH值至6～8。

产品应用 本品是一种阴阳离子表面活性剂复合型的消毒洗衣液。

产品特性

(1) 本产品的原料采用阴阳离子复合，通过特殊渗透促进剂作用，能有效作用于病菌，提高杀菌力，并能稳定地储存。

(2) 本产品采用多种阳离子杀菌剂复合，并合理地运用非离子表面活性剂的协同作用，使产品的杀菌力达到《消毒技术规范》要求。

(3) 本产品的原料中采用新型的阴离子表面活性剂脂肪醇聚氧乙烯（9）醚羧酸钠，与其他的原料有很好的协同作用。其中，对阳离子杀菌剂有协同杀菌作用，对脂肪醇聚氧乙烯醚具有协同去污作用。

(4) 本产品的原料复合了双胍类杀菌剂和渗透剂、乳化剂、阴离子表面活性剂和非离子表面活性剂，将杀菌和清洁功能融为一体，洗衣杀菌同时完成。

(5) 本产品的原料来源广泛，制备工艺简便，便于推广使用。

配方 51 婴儿衣物用环保洗衣液

原料配比

原料		配比(质量份)				
		1#	2#	3#	4#	5#
非离子表面活性剂	棕榈油乙氧基化物	5	7	7	—	—
	棕榈仁油乙氧基化物	8	10	12	10	16
	大豆油乙氧基化物	—	—	—	6	—
	脂肪醇聚氧乙烯醚	—	8	5	4	6
	椰子油乙氧基化物	8	—	8	8	—
	椰油酸二乙醇酰胺	3	4	4	5	5
脂肪酸甲酯磺酸钠		6	10	14	10	10
椰油酰胺丙基甜菜碱		4	6	8	6	6
淀粉酶		1	1	0.5	1	2
蛋白酶		1	1	0.5	1	2
抑菌呵护香精油		0.5	1	0.5	0.5	1
水		63.5	52	40.5	48.5	52

制备方法

(1) 向占水总质量60%的50℃水中依次加入非离子表面活性剂、脂肪酸甲酯磺酸钠、椰油酰胺丙基甜菜碱，搅拌均匀，形成透明溶液。加入时先将非离子表面活性剂中包含的天然油脂乙氧基化物与占总水总质量60%的50℃水搅拌均匀，再依次加入其他组分。

(2) 待上述溶液温度降低至35℃依次加入抑菌呵护香精油和蛋白酶。

(3) 待上述体系稳定后加入淀粉酶和余量水，搅拌均匀制得洗衣液。

(4) 在上述配制过程中，应注意整个操作环境清洁卫生、防尘。在50℃温度时有利于非离子表面活性剂、脂肪酸甲酯磺酸钠、椰油酰胺丙基甜菜碱溶解形成均匀稳定的透明溶液。因为蛋白酶对淀粉酶有分解作用，先加蛋白酶形成稳定体系后，再加入淀粉酶可防止淀粉酶被分解。高温导致酶失活，选择35℃或更低温度加入酶。

原料介绍　所述非离子表面活性剂为天然油脂乙氧基化物、脂肪醇聚氧乙烯醚和椰油二乙醇酰胺中的一种或多种。

产品应用　本品是一种能够有效去污、无毒无刺激的、对婴儿皮肤具有很好亲和力的抑菌洗衣液。

产品特性

(1) 本产品采用绿色天然源表面活性剂，合成原料为天然可再生资源，具有良好的生态相容性和生物降解性。

(2) 本产品使用的天然油脂乙氧基化物具有较强的乳化性能和油污增溶能力，去污效果达到国家标准的要求。

配方52　婴儿衣物用洗衣液

原料配比

原　料	配比(质量份)		
	1#	2#	3#
芦荟提取物	12	8	9
皂荚提取物	10	5	8
碱性脂肪酶	1.5	0.5	1.3
薄荷提取物	2.6	2.6	1.8
乙氧基化烷基硫酸钠	1.8	0.2	1.4
氯化钠	2.5	0.5	2.1
乙二胺四乙酸	8	3	6
椰油酸二乙醇酰胺	1.2	0.5	0.8
丙二醇	0.2	0.2	1.2
香精	12	6	8
两性表面活性剂	0.5	0.5	0.8
柠檬酸	8	2	6
水	50	35	45

制备方法 将各组分原料混合均匀即可。

原料介绍 所述两性表面活性剂为氨基酸型、甜菜碱型表面活性剂中的一种。

产品应用 本品主要是一种婴儿衣物用洗衣液。

产品特性 本品采用天然植物提取液作为有效成分，性能温和，安全无刺激。洗衣液中加入碱性脂肪酶促进了洗衣效果，去污能力强。使用过程中泡沫低，易漂洗，不会引起化学残留，特别适合婴儿衣物的洗涤。本品解决了常用洗衣液中含有一些化学成分可能对婴儿皮肤产生刺激性的问题。

配方 53 婴儿用抗菌洗衣液

原料配比

原料	配比(质量份)		
	1#	2#	3#
十二烷基苯磺酸钠	18	20	20
椰油酸二乙醇酰胺	12	8	11
聚羧酸盐为丙烯酸-丙烯酸酯-磺酸盐共聚物	6	6	4
茶树油	10	3	8
葡萄柚	2	6	4
芦荟酊	8	10	9
春黄菊	3	7	5
SAVINASE ULTRA 16XL 蛋白酶	1	5	4
硫酸钠	35	30	28
水	加至 100		

制备方法 将各组分原料混合均匀即可。

原料介绍 所述聚羧酸盐为丙烯酸-丙烯酸酯-磺酸盐共聚物。

所述蛋白酶为 SAVINASE ULTRA 16XL 蛋白酶。

产品应用 本品是一种婴儿用抗菌洗衣液。

产品特性

(1) 采用茶树油作为杀菌、抑菌剂，其是金黄色葡萄球菌、大肠杆菌的克星，抑菌率高达 99.7%。同时采用葡萄柚，其对婴儿皮肤具有极好的保护作用。芦荟酊是抗菌性很强的物质，能杀灭真菌、霉菌、细菌、病毒等病菌，而且还有抗炎作用。

(2) 本产品抗菌性好，洗出的衣物柔软清香，对婴儿皮肤具有保护作用。

配方 54 婴幼儿用无磷洗衣液

原料配比

原料	配比(质量份)	
	1#	2#
月桂醇聚醚硫酸酯钠	10	15
月桂酰两性基乙酸钠	8	10
椰油酰胺丙基甜菜碱	12	10
聚季铵盐-7	8	5
金银花提取液	30	20
香精	5	5
水	加至 100	

制备方法 将各组分原料混合均匀即可。

产品应用 本品是一种婴幼儿用无磷洗衣液。

产品特性 本产品的优点是配方合理、洁净无残留、使用效果佳。

配方 55 婴幼儿用洗衣液

原料配比

原料	配比(质量份)						
	1#	2#	3#	4#	5#	6#	7#
N-椰油酰谷氨酸钠	6	10	8	10	1	5	8
氧化胺	3	3	2.5	10	1	2	4
椰油酸二乙醇酰胺	1	1	1	5	1	1	3
$C_{10}\sim C_{12}$ 烷基糖苷	2	1.5	1	5	1	1	3
脂肪醇硫酸钠	3.5	3.5	3.5	5	1	3	5
乙二胺四乙酸四钠	1	1	1	2	—	0.1	1
氯化钠	0.5	0.5	0.5	1	—	0.5	0.5
柠檬酸	0.1	0.1	0.1	1	0.1	0.1	0.5
香精	0.05	0.05	0.05	1	—	0.05	0.05
阳离子瓜尔胶	0.1	0.1	0.1	0.1	0.05	0.1	0.1
防腐剂	0.08	0.08	0.08	0.1	0.05	0.08	0.08
水	81.67	79.17	82.17	59.8	94.8	87.07	74.77

制备方法

(1) 向占各组分总质量10%的水中加入阳离子瓜尔胶并搅拌均匀，然后加入乙二胺四乙酸四钠使其溶胀，得备用液，备用；

(2) 将氨基酸型表面活性剂、脂肪醇硫酸钠和占各组分总质量45%～50%的水加热至70℃并搅拌均匀，溶质溶解形成透明液体；

(3) 在保温条件下继续向透明液体中加入氧化胺、椰油酸二乙醇酰胺和烷基糖苷，搅拌均匀，溶质溶解形成制备液；

(4) 将制备液降温至40℃，然后向制备液中加入备用液、氯化钠、柠檬酸、香精、防腐剂和余量水，并搅拌均匀得洗衣液。

原料介绍　所述氨基酸型表面活性剂为*N*-椰油酰谷氨酸钠。

所述氧化胺为*N*,*N*-二甲基-3-椰油酰胺丙基氧化胺。

所述烷基糖苷为C_{10}～C_{12}的烷基糖苷。

所述防腐剂为质量比为19∶1的甲基异噻唑啉酮和乙基己基甘油的混合物。

产品应用　本品是一种婴幼儿洗衣液。

产品特性　本产品以氨基酸型表面活性剂作为主要表面活性剂，其是一种类蛋白的温和表面活性剂，其原料取自天然成分脂肪酸与氨基酸，具有良好的生态相容性和生物降解性。并且采用*N*-椰油酰谷氨酸钠作为主要表面活性剂，其特殊的结构对蛋白、皮脂类污垢具有良好的乳化能力，能有效去除婴儿衣物的便尿渍、口水渍、食物油污等。

配方56　婴幼儿用除螨洗衣液

原料配比

原料		配比(质量份)			
		1#	2#	3#	4#
脂肪醇聚氧乙烯醚(AEO-9)		5	5	5	5
脂肪酸甲酯磺酸钠MES		8	8	8	8
十二烷基糖苷		4	4	4	4
椰油酰胺基丙基甜菜碱		3	3	3	3
除螨剂	*N*,*N*-二乙基-2-苯基乙酰胺	0.3	—	0.3	0.3
	嘧螨胺	0.1	0.25	—	0.2
	乙螨唑	0.1	0.25	0.2	—
水		加至100			

制备方法　在混合釜中，先加入水，加热至70～80℃，在搅拌条件下，加入AEO-9、脂肪酸甲酯磺酸钠、十二烷基糖苷和椰油酰胺基丙基甜菜碱搅拌均

匀，降温至30～40℃，按配方要求再加入除螨剂，搅拌均匀，即可得到婴幼儿除螨洗衣液。

产品应用 本品是一种婴幼儿洗衣液。

产品特性 本品具有较高的去污能力，能生物降解，性能温和安全，刺激性低，容易漂洗，并有效抑螨灭螨。

配方57 婴幼儿用无刺激洗衣液

原料配比

原料	配比(质量份)		
	1#	2#	3#
十二烷基苯磺酸钠	15	10	20
烷基硫酸钠	7	7	8
三聚磷酸钠	15	15	20
羟甲基纤维素	2	2	2
牛油脂肪酸	6	6	6
聚乙二醇	5	5	8
肥皂	8	8	10
香精	0.2	0.2	0.1
水	70	80	60

制备方法 将各组分原料混合均匀即可。

产品应用 本品是一种婴幼儿洗衣液。

产品特性 本品不仅去渍效果好，而且无污染，不刺激皮肤，对宝宝无伤害。制作工艺简单，成本低廉，去污效果好，且不含腐蚀性因素，不伤手，不伤害皮肤，容易漂洗，不残留。

配方58 婴幼儿专用洗衣液

原料配比

原料	配比(质量份)		
	1#	2#	3#
脂肪酸钠	100	150	125
烷基糖苷	60	50	53
椰油酰胺基丙基甜菜碱	50	30	45
碱性脂肪酶	10	10	4
碱性蛋白酶	10	10	15

续表

原料	配比(质量份)		
	1#	2#	3#
乙酸薄荷酯	20	40	232
芦荟提取液	50	20	36
甘菊花提取物	20	10	12
柔软剂	1	10	8
水	适量	适量	适量

制备方法

(1) 按比例称量脂肪酸钠、烷基糖苷和椰油酰胺基丙基甜菜碱，倒入配料锅中，加入适量水，搅拌10～20min，至溶液分散均匀；

(2) 调节溶液pH值为8～10；

(3) 加入碱性脂肪酶，搅拌均匀后，再加入碱性蛋白酶，搅拌均匀后静置10min；

(4) 加入乙酸薄荷酯、芦荟提取液和甘菊花提取物，搅拌均匀；

(5) 3～5min后加入柔软剂，搅拌均匀；

(6) 回流10～20min，取样检测。

产品应用 本品主要用于婴幼儿衣物清洗。

产品特性 本产品选用的是天然成分，环保，无刺激，去污力强，对衣物无损伤，有利于保护婴幼儿的身体健康。本产品生产方法简单，条件温和，且能有效保留洗衣液中天然组分的活力，从而有利于提高产品的洗涤效果、延长洗涤产品的货架期。本产品具有较强的去污能力，尤其对于蛋白、皮脂类污渍的洗涤效果更强，特别适合婴幼儿带奶渍、油渍的衣物的清洗。

配方59 婴幼儿用强力洗衣液

原料配比

原料	配比(质量份)					
	1#	2#	3#	4#	5#	6#
脂肪醇聚氧乙烯醚	4	6	4	8	6	6
70%的脂肪酸甲酯磺酸钠	16	14	16	12	14	14
50%的烷基糖苷	8	6	4	8	6	6
25%的钾皂	2	3	4	2	3	3
35%的椰油酰胺丙基甜菜碱	10	9.2	8	10	9.2	9.2
有机络合剂	—	—	0.6	0.4	0.5	0.5
防腐剂	—	—	—	—	—	0.1
香精	—	—	—	—	—	0.3
水	加至100					

制备方法 在混合釜中，投入水，在搅拌条件下，加入其他各原料，搅拌均匀，即可得到本产品的婴幼儿洗衣液。

原料介绍 所述脂肪醇聚氧乙烯醚为AEO-9，即脂肪醇聚氧乙烯醚-9、脂肪醇聚氧乙烯(9)醚。

所述脂肪酸甲酯磺酸钠，简称MES。MES是以天然动植物油脂为原料制成的一种高效表面活性剂，它具有良好的润湿、乳化、柔软及抗硬水性能，溶解性好、生物降解率高，对皮肤刺激性小，发泡力强，特别是在硬水中其发泡力优于LAS和K12，去污性能优良。本产品中选用质量分数为70%的脂肪酸甲酯磺酸钠。

所述烷基糖苷，简称APG，是由可再生资源天然脂肪醇和葡萄糖合成的，是一种性能较全面的新型非离子表面活性剂，兼具普通非离子和阴离子表面活性剂的特性，具有高表面活性、良好的生态安全性和相容性，是国际公认的首选“绿色”功能性表面活性剂。本产品中选用质量分数为50%的烷基糖苷。

所述钾皂，又称$C_{12}\sim C_{18}$脂肪酸钾盐，本产品中选用质量分数为25%的钾皂。

所述35%的椰油酰胺基丙基甜菜碱，简称CAB-35。

所述有机络合剂为氨基羧酸盐、羟基羧酸盐、有机膦酸盐和聚丙烯酸类络合剂中的一种或其混合物。

所述有机络合剂为Securon 540有机络合剂，是汉高公司生产的一种不含表面活性剂以有机酸为主要成分的络合剂，商品名称为Securon 540。Securon 540是一种高效的多用途络合物，能分解清除钙皂沉淀物，而且对重金属和金属离子有突出的络合能力，此能力的大小取决于pH值，最适宜的pH值介于7与8.5之间。

所述防腐剂，采用本行业常用的防腐剂，可以为ECOCIDE B50/2防腐剂、ECOCIDEITH2防腐剂、Nuosept95防腐剂或卡松。

所述香精采用本行业常用香精。在配方中，可以根据需要自由选择相应的香精。

在本产品中根据客户需要，还可以自由添加适合的色素，以调整、改善本产品的色泽。

产品应用 本品主要用于婴幼儿衣物的洗涤。

产品特性 本产品配方中使用的主要原料是可降解原材料，绿色环保；不含荧光增白剂、磷、二噁烷、壬/辛基酚及壬/辛基酚聚氧乙烯醚等物质，生态环保；具有良好钙皂分散力且性能温和安全，能够提高织物的光亮性、光滑度、柔软度及弹性，刺激性低，去污能力强，容易漂洗。

配方 60 婴幼儿用洗衣液

原料配比

原料	配比(质量份)				
	1#	2#	3#	4#	5#
防霉抑菌功效成分	2	10	13	16	22
椰油酸二乙醇酰胺	10	12	15	18	20
天然沸石粉	3	5	10	3	5
脂肪醇聚氧乙烯(9)醚	5	7	10	12	15
脂肪醇聚氧乙烯(7)醚	3	2.5	2	1.5	1
蛋白酶稳定剂	1	1.5	2	2.5	3
丙二醇	5	7	9	12	15
氯化钠	0.8	0.6	0.8	0.6	0.8
柠檬酸	3	3	5	5	5
茶树油	0.5	0.6	0.7	0.8	1
衣物柔顺剂	1	1.2	1.5	1.8	2
水	加至100				

制备方法 将各组分原料混合均匀即可。

原料介绍 所述防霉抑菌功效成分为黄连提取物、黄芩提取物、艾叶提取物、香草提取物，这四种功效成分比例为4∶2∶2∶2。

所述黄连提取物是黄连乙醇提取物，所述黄芩提取物是黄芩乙醇提取物，所述艾叶提取物是艾叶乙醇提取物，所述香草提取物是香草乙醇提取物；乙醇用量按提取物∶混合原药=10∶1的比例提取。

产品应用 本品是一种婴幼儿用洗衣液。

产品特性 本品中加入的是从天然植物中提取的具有活性成分的物质，不仅能够抑制衣物生长细菌和霉菌，同时降低洗衣液的刺激性，且洗涤后的衣物蓬松柔软、无静电。且本配方强去污、低起泡、易漂洗、无残留，对环境无污染。

配方 61 婴幼儿用安全洗衣液

原料配比

原料	配比(质量份)			
	1#	2#	3#	4#
烷基糖苷	12	43	30	12
椰油酰胺丙基甜菜碱	6	31	21	31
月桂基磺化琥珀酸单酯二钠盐	5	18	15	5

续表

原料		配比(质量份)			
		1#	2#	3#	4#
增稠剂及其他助剂	羧甲基纤维素钠及异噻唑啉酮、色素和香精	0.06	—	—	—
	海藻酸钠及异噻唑啉酮、色素和香精	—	1	—	—
	黄原胶及异噻唑啉酮、色素和香精	—	—	0.6	—
	卡拉胶及异噻唑啉酮、色素和香精	—	—	—	1
水		40	60	55	40

制备方法

(1) 取水总量的30%～40%加到搅拌釜中，加热至70～80℃，边搅拌边加入椰油酰胺丙基甜菜碱、烷基糖苷、月桂基磺化琥珀酸单酯二钠盐，溶解后搅拌0.5～1h使之混合均匀，得到表面活性剂原液；

(2) 取水总量的30%～40%加到搅拌釜中，加热至50～60℃，边搅拌边加入增稠剂，持续搅拌至溶液均匀透明，得到增稠剂原液；

(3) 将表面活性剂原液和增稠剂原液混合，补足余量的水，加入其他助剂，全部溶解后，再调节pH值至6～8，即为婴幼儿专用洗衣液。

原料介绍 所述增稠剂为羧甲基纤维素钠、海藻酸钠、黄原胶或卡拉胶。

所述其他助剂选自防腐剂、色素和香精中的一种或多种。防腐剂为异噻唑啉酮。

产品应用 本品是一种安全的婴幼儿专用洗衣液。

产品特性

(1) 本产品中烷基糖苷是天然的绿色环保型非离子表面活性剂，毒性很低，且对人体皮肤刺激性很小，是一类很温和的表面活性剂。此外，其去污和起泡性能以及生物降解性能较好，无有害成分残留。椰油酰胺丙基甜菜碱是一种两性表面活性剂，与阴离子表面活性剂和其他非离子表面活性剂都能配伍，使用方便，而且对眼睛和皮肤刺激性都非常低，还具有柔软抗静电的功效。月桂基磺化琥珀酸单酯二钠盐是一种性能温和、生物降解好、发泡能力强的表面活性剂，刺激性小，还可以降低其他表面活性剂的刺激性。

(2) 本产品采用天然绿色环保型表面活性剂，无磷，无荧光增白剂，泡沫细腻丰富，去污能力强，易于漂洗，pH值呈中性，温和无刺激，不伤手。

(3) 具有良好的钙皂分散力且性能温和安全，提高了硬水中洗涤的效果，使衣物光亮、光滑、柔软有弹性，适合婴幼儿衣物的洗涤。

配方 62 内衣洗涤用洗衣液

原料配比

原料		配比(质量份)			
		1#	2#	3#	4#
对氯间二甲苯酚		0.2	2	1.5	0.2
阴离子表面活性剂	烷基苯磺酸钠	6	—	—	31
	脂肪酸钾皂	—	31	—	—
	脂肪醇聚氧乙烯醚硫酸钠	—	—	22	—
非离子表面活性剂	烷基糖苷	12	—	30	12
	脂肪醇聚氧乙烯醚	—	43	—	—
增稠剂	羧甲基纤维素钠	0.03	—	—	—
	海藻酸钠	—	0.5	—	—
	黄原胶	—	—	0.3	—
	卡拉胶	—	—	—	0.5
防腐剂	尼泊金酯	0.01	—	—	—
	山梨酸	—	0.05	—	—
	脱氢乙酸	—	—	0.03	0.01
水		40	60	55	60

制备方法

(1) 取水总量的30%～40%加入搅拌釜中，加热至70～80℃，边搅拌边加入阴离子表面活性剂、非离子表面活性剂及对氯间二甲苯酚，溶解后搅拌0.5～1h使之混合均匀，得到表面活性剂原液；

(2) 取水总量的30%～40%加入搅拌釜中，加热至50～60℃，边搅拌边加入增稠剂，持续搅拌至溶液均匀透明，得到增稠剂原液；

(3) 将表面活性剂原液和增稠剂原液混合，补足余量的水，加入防腐剂，全部溶解后，再调节pH值至6～8，即为用于内衣洗涤的洗衣液。

原料介绍 所述阴离子表面活性剂为烷基苯磺酸钠、脂肪酸钾皂或脂肪醇聚氧乙烯醚硫酸钠。

所述非离子表面活性剂为烷基糖苷、脂肪醇聚氧乙烯醚。

所述增稠剂为羧甲基纤维素钠、海藻酸钠、黄原胶或卡拉胶。

所述防腐剂为尼泊金酯、山梨酸或脱氢乙酸。

产品应用 本品是一种具有良好杀菌抗菌性能，且温和无刺激的用于内衣洗涤的洗衣液。

产品特性

（1）泡沫细腻丰富，去污能力强，易于漂洗，pH 值呈中性，温和无刺激，不伤手。

（2）添加安全光谱杀菌成分 PCMX 及植物源的表面活性成分，有效清除血渍、尿渍、污渍及其他致霉污垢。在阴雨天使用还能预防细菌生长繁殖，特别适宜于内衣裤的洗涤。

（3）良好的钙皂分散力，提高在硬水中的洗涤效果，避免织物泛黄变硬，使衣物光滑、柔然舒适。

配方 63　内衣洗涤用除渍洗衣液

原料配比

原　　料	配比(质量份)			
	1#	2#	3#	4#
脂肪醇聚氧乙烯醚硫酸钠	10	30	20	14
油酸三乙醇胺盐	2	4	3	3
月桂酸钠	2	8	5	3
对氯间二甲苯酚	1	5	3	3
卡松	2	4	3	3
食盐	2	5	3	3
硫酸铜	2	4	3	3
柠檬酸	10	20	15	13
香精	4	6	5	5
防腐剂	1	2	2	1
水	55	75	65	66

制备方法

（1）首先，将脂肪醇聚氧乙烯醚硫酸钠、油酸三乙醇胺盐、月桂酸钠、对氯间二甲苯酚、卡松、食盐和硫酸铜放入反应器内混匀，升温至 70℃；

（2）其次，加入 50℃的水混合均匀；

（3）最后，降温至 20℃，加入柠檬酸、香精和防腐剂搅拌即可得到成品。

产品应用　本品主要用于内衣洗涤。

产品特性　本品可有效清除血渍、尿渍、污渍及其他致霉污垢，可深度洗净衣物，预防细菌生长繁殖；良好的钙皂分散力可避免织物泛黄变硬，保护织物光滑、柔软舒适。同时，本洗衣液生产成本低，制备工艺简单，适合工艺化生产。

配方 64 内衣洗涤用速效洗衣液

原料配比

原料	配比(质量份)		
	1#	2#	3#
脂肪醇聚氧乙烯醚硫酸钠(AES)	8	10	10
丙二醇	3	1	4
月桂酰胺丙基甜菜碱	6	8	10
对氯间二甲苯酚	0.5	0.1	1
椰子油脂肪酸单乙醇酰胺	2	1	4
卡松	0.3	0.1	0.5
脂肪醇聚氧乙烯醚(AEO-9)	3	2	5
香精	0.2	0.4	0.2
色素	0.0002	0.0004	0.0002
食盐	0.2	0.5	0.6
水	加至100		
柠檬酸	适量	适量	适量

制备方法

(1) 在配料锅中加入一定量的水，搅拌升温至70℃，加入椰子油脂肪酸单乙醇酰胺，待溶解分散均匀，继续搅拌20min；

(2) 将对氯间二甲苯酚溶解于丙二醇中，在40～50℃的温度下，搅拌均匀，完全溶解备用；

(3) 配料锅温度保持在70℃，加入脂肪醇聚氧乙烯醚硫酸钠，1h后加入月桂酰胺丙基甜菜碱、脂肪醇聚氧乙烯醚，继续搅拌40min；

(4) 将配料锅温度降至40℃，加入步骤 (2) 制备的对氯间二甲苯酚与丙二醇的混合溶液，搅拌15min；

(5) 用柠檬酸调节pH值至4.0～8.5，然后加入色素、香精、卡松，每加一种料体间隔5min，边加入边搅拌；

(6) 最后于700r/min转速下，加入食盐调节黏度，保持25～35min，即得无磷抗菌洗衣液。

原料介绍 所述的脂肪醇聚氧乙烯醚硫酸钠的质量分数为70%。

所述的月桂酰胺丙基甜菜碱的活性含量为30%。

所述的卡松为5-氯-2-甲基-4-异噻唑啉-3-酮和2-甲基-4-异噻唑啉-3-酮的混合物。

所述的色素为德国油化玫瑰红。

产品应用 本品主要用于内衣洗涤，用于纯棉、丝质织物。

产品特性

(1) 抑菌去污：添加安全广谱杀菌成分 PCMX 及植物源的表面活性成分，可有效清除血渍、尿渍、污渍及其他致霉污垢；可深度洗净衣物，可在阴雨天使用，预防细菌生长繁殖。

(2) 温和清香：植物香精，去除异味，洗后衣物清香怡人，添加了护肤成分，呵护双手洗后不干涩。

(3) 抗硬水：良好的钙皂分散力，提高在硬水中的洗涤效果，避免织物泛黄变硬，保护织物光滑、柔软舒适。

配方 65 用水溶性膜包装的浓缩洗衣液

原料配比

原料		配比(质量份)			
		1#	2#	3#	4#
甲酯乙氧基化物		15	10	10	10
脂肪醇聚氧乙烯(2)醚硫酸钠		3	5	5	5
非离子表面活性剂	脂肪醇聚氧乙烯(3)醚	35	40	30	35
	脂肪醇聚氧乙烯(7)醚	15	15	15	15
	脂肪醇聚氧乙烯(9)醚	—	5	—	—
1,2-苯并异噻唑啉-3-酮		0.2	0.2	0.3	0.3
丙三醇		5	5	5	5
聚乙二醇		6.5	5	10	10
碳酸丙烯酯		20	14.5	24.5	19.5
香精		0.3	0.3	0.2	0.2

制备方法

(1) 按照上述质量配比取所述聚乙二醇、丙三醇、碳酸丙烯酯加入化料釜中，然后分别依次加入所述甲酯乙氧基化物、脂肪醇聚氧乙烯 (2) 醚硫酸钠、非离子表面活性剂至完全溶解，得到混合液 A；

(2) 然后分别按照上述配比依次加入 1,2-苯并异噻唑啉-3-酮、香精，得到混合液 B；

(3) 将上述混合液 B 用 200 目滤布过滤处理，得到所述浓缩洗衣液。

原料介绍 所述非离子表面活性剂为脂肪醇聚氧乙烯 (3) 醚、脂肪醇聚氧乙烯（7）醚、脂肪醇聚氧乙烯（9）醚中的一种或几种混合。

产品应用 本品是一种水溶性膜包装的浓缩洗衣液。

产品特性

(1) 本产品在制备时，无须加热，室温下可操作。整个生产工艺中，操作简单，冷配即可。先将溶剂加入釜中，便于各种表面活性剂更快地溶解混匀。在上述配制过程中，应注意整个操作环境清洁卫生、防尘。

(2) 本产品为浓缩配方，使得在极低的浓度下，达到洗涤标准要求，而且水溶性好、泡沫少、易漂洗、无毒无刺激；本产品有效含量高于普通洗涤剂的4～5倍。

(3) 本产品可用于水溶性膜包装，携带方便、使用方便、用量更省。

配方 66 婴幼儿衣物用中药洗衣液

原料配比

原料	配比(质量份)				
	1#	2#	3#	4#	5#
皂荚叶	40	50	55	60	70
猪苓	10	11	12	14	15
草木灰	12	14	16	18	20
艾叶	4	5	6	6	7
薄荷叶	6	7	9	11	12
车桑子叶	5	7	9	10	12
冬瓜片	10	11	12	13	14
水	60	80	130	170	200

制备方法

(1) 首先将所需量的皂荚叶、猪苓、草木灰粉碎，加入所需量半量的水混合后用大火进行煮制，沸腾后小火煮熬20～40min后冷却至室温。

(2) 向上述混合溶液中加入冬瓜片后继续进行煮制，缓慢升温至80～100℃后小火煮熬10～20min后趁热加入粉碎的艾叶、薄荷叶、车桑子叶以及余量的水，继续小火熬制至溶液有胶感觉即可得到所需的中药洗衣液。缓慢升温速度为1～2℃/min。

产品应用 本品主要用作婴幼儿衣物的中药洗衣液。

产品特性 本产品较普通洗衣液具有温和无刺激、环保安全、杀菌功效强、制作工艺简单、无污染环境副产物产生的优点。

配方 67 柚子清香型洗衣液

原料配比

原料	配比(质量份)		
	1#	2#	3#
柚子皮提取液	12	15	13
柚子花提取液	8	8	10
甘油	5	6	5
乳化剂	10	10	9
非离子表面活性剂	5	4	5
霍霍巴油	3	3	4
橄榄油	2	3	3
日用香精	0.5	0.6	0.5
色素	0.5	0.5	0.1
水	加至100		

制备方法 将各组分原料混合均匀即可。

产品应用 本品是一种柚子清香型洗衣液。

产品特性 本产品采用柚子皮为主要原料，能有效去除异味，高效清洁衣物污垢，温和不伤手，同时具有杀菌抑菌、清香宜人、香味持久等特点。

配方 68 皂基环保洗衣液

原料配比

原料		配比(质量份)		
		1#	2#	3#
混合活性剂		60	65	63
稳定剂	硬脂酸	5	—	—
	硬脂酸锌	—	5	5
发泡剂	偶氮二甲酰胺	1	—	—
	二亚硝基五亚甲基四胺	—	2	2
增溶剂	二甲苯磺酸盐	4	4	4

续表

原料		配比(质量份)		
		1#	2#	3#
柠檬酸钠		2	2	2
十二烷基硫酸镁		3	3	3
水		100	100	100
增香剂	柠檬香料	1	—	—
	玫瑰香料	—	3	3
增白剂		6	10	8
混合活性剂	直链脂肪酸聚氧乙烯(7)醚	50	70	70
	N,N'-间亚苯基双马来酰亚胺	5	15	15
	直链脂肪酸聚氧乙烯(9)醚	3	12	12

制备方法 先将水加入反应釜，然后依次加入混合活性剂、稳定剂、发泡剂、增溶剂、柠檬酸钠，混合均匀后，加入十二烷基硫酸镁、水、增香剂和增白剂，在转速为700r/min下搅拌均匀，即得洗衣液。

原料介绍 所述稳定剂为硬脂酸、硬脂酸锌、硬脂酸钙、硬脂酸铅中的任一种。

所述混合活性剂以直链脂肪酸聚氧乙烯（7）醚为主料，N,N'-间亚苯基双马来酰亚胺与直链脂肪酸聚氧乙烯（9）醚为辅料。

所述发泡剂为偶氮二甲酰胺或二亚硝基五亚甲基四胺。

所述增溶剂为二甲苯磺酸盐。

所述混合活性剂的制备方法：将直链脂肪酸聚氧乙烯（7）醚和直链脂肪酸聚氧乙烯（9）醚在转速为500r/min下搅拌均匀后，加入N,N'-间亚苯基双马来酰亚胺，搅拌至黏稠半透明状。

产品应用 本品是一种皂基环保洗衣液。

产品特性 本品去污力强，针对不同材质的面料都具有很好的去污效果，具有良好的乳化、发泡、渗透、去污和分散性能，从而可提高洗衣液的去污能力，并且对皮肤温和、不损伤衣物，清洗后的污水排到环境中不会污染环境。本品是采用天然皂基为主要活性材料形成的混合活性剂，活性温和，效果好，去污能力佳，且环保无污染，来源广泛。

配方 69 增白洗衣液

原料配比

原料		配比(质量份)	
		1#	2#
表面活性剂		35	15
酯基季铵盐	1-甲基-1-油酰胺乙基-2-油酸基咪唑啉硫酸甲酯铵	3	1
烷基糖苷		5	2
皂粉		1.5	0.3
鱼腥草提取物		3	1
防腐剂		0.4	0.2
增稠剂		2	1
柠檬酸钠		1	0.5
改进荧光增白剂		0.5	0.02
抗皱剂	丁烷四羧酸	4	—
	聚合多元羧酸	—	0.6
酶制剂		1.2	0.6
水		加至100	
改进荧光增白剂	4-二甲氨基苯甲酰氯	100	80
	对氯邻氨基苯酚	120	100
	掺杂 SO_4^{2-}/ZrO_2-Fe_2O_3-SiO_2 型混晶固体超强酸催化剂	5	3
	乙二醇单丁醚	180	150
	氢氧化钠	10	5

制备方法 将各组分原料混合均匀即可。

原料介绍 所述改进荧光增白剂由以下步骤制备：将4-二甲氨基苯甲酰氯、对氯邻氨基苯酚、掺杂 SO_4^{2-}/ZrO_2-Fe_2O_3-SiO_2 型混晶固体超强酸催化剂、乙二醇单丁醚混合，升温至160～180℃，回流反应2～3h，静置，分离催化剂，加入氢氧化钠，再升温至100～120℃继续搅拌1～2h，静置、分离除去下层溶液，上层反应产物用减压法蒸馏出溶剂，使反应物呈胶状物，加入10℃以下的水洗涤、过滤，得到所述改进荧光增白剂。

所述表面活性剂选自脂肪酸聚氧乙烯酯、椰子油脂肪酸二乙醇胺、脂肪醇聚氧乙烯醚硫酸钠和十二烷基甜菜碱中的至少一种。

所述酯基季铵盐为1-甲基-1-油酰胺乙基-2-油酸基咪唑啉硫酸甲酯铵。

所述抗皱剂为丁烷四羧酸、柠檬酸、马来酸、聚马来酸和聚合多元羧酸中的至少一种。

产品应用 本品是一种增白洗衣液。

产品特性 本产品对天然纤维织物的衣物进行柔化减少其起皱，对人体无刺激，同时具有高效增白的功效。

配方 70 织物纤维护理型生物酶洗衣液

原料配比

原料	配比(质量份)				
	1#	2#	3#	4#	5#
非离子表面活性剂	10	10	20	30	40
阴离子表面活性剂	40	30	20	10	1
纤维素酶	0.001	0.5	1	1.5	2
高聚物护理剂	5	5	5	2	5
水溶性溶剂	20	15	10	5	—
pH 调节剂	0.01	0.2	4	4	5
两性离子表面活性剂	—	20	40	20	40
防腐剂	—	—	—	1	1
香精	—	—	—	—	0.5
水	加至 100				

制备方法

(1) 按以上质量份配方准备原料；

(2) 将非离子表面活性剂、阴离子表面活性剂置于混合器中，选择性加入两性离子表面活性剂和水溶性溶剂，加热至 55～60℃，搅拌至溶解、分散均匀，停止加热；

(3) 在搅拌情况下加入 55～60℃水至完全溶解、均匀；

(4) 在搅拌情况下加入纤维素酶，加入高聚物护理剂；

(5) 在搅拌情况下加入 pH 调节剂，控制和调节 pH 值为 7～10；

(6) 在搅拌情况下，待料液温度降至 35℃，选择性加入防腐剂及香精，搅拌至均匀；

(7) 抽样检测、成品包装。

原料介绍 所述非离子表面活性剂为脂肪醇聚氧乙烯醚、烷基糖苷、椰油酸二乙醇酰胺、烷基二甲基氧化胺、月桂酰胺丙基氧化胺或失水山梨醇单月桂酸酯聚氧乙烯醚 20。

所述阴离子表面活性剂为脂肪醇聚氧乙烯醚硫酸钠、仲烷基磺酸钠、烷基硫酸酯钠、α-烯基磺酸钠、脂肪酸甲酯磺酸钠、脂肪酸盐或十二烷基苯磺酸钠。

所述两性离子表面活性剂为十二烷基甜菜碱或椰油酰胺丙基甜菜碱。

所述纤维素酶为内切葡聚糖纤维素酶或纤维二糖水解酶。

所述高聚物护理剂为丙烯酸聚合物钠盐、丙烯酸/马来酸共聚物钠盐、马来酸共聚物钠盐或聚乙烯吡咯烷酮。

所述水溶性溶剂为乙醇、异丙醇、1,2-丙二醇、乙二醇丁醚、乙二醇丙醚、丙二醇丁醚、二乙二醇乙醚、二乙二醇丁醚、二丙二醇丙醚或二丙二醇丁醚。

所述 pH 调节剂为氢氧化钠、氢氧化钾、三乙醇胺、二乙醇胺、单乙醇胺、碳酸钠、碳酸氢钠、柠檬酸或其可溶性盐，调节洗衣液 pH 值为 7～10。

所述防腐剂为异噻唑啉酮衍生物、1,2-苯并异噻唑啉-3-酮、苯甲酸/苯甲酸钠、山梨酸/山梨酸钾、三氯羟基二苯醚或对氯间二甲苯酚。其中，异噻唑啉酮衍生物为 5-氯-2-甲基-4-异噻唑啉-3-酮和 2-甲基-4-异噻唑啉-3-酮的混合物。

产品应用 本品是一种织物纤维护理型生物酶洗衣液。

产品特性

(1) 本产品采用在洗衣液中按特定比例加入纤维素酶与高聚物护理剂组分，两者协同作用，不仅提高洗衣液的去污作用，而且提供对织物纤维的护理作用。本产品具有用量少、效能高的特点，明显提高了织物的清洁去污、白度维护、抗灰、抗褪色、抗起球的纤维护理效果。

(2) 本产品具有去污性能好、生物降解性好、绿色环保，同时浓缩高效、节省和替代大量表面活性剂的用量的作用，具有优异的洗涤清洁效果，节能减排，减少资源浪费。

配方 71 织物用增白去污洗衣液

原料配比

原料	配比(质量份)			
	1#	2#	3#	4#
十二烷基苯磺酸钙	12	23	15	18
三甲基丁酸苯酯甲酸胺	2	8	4	5
聚丙烯酸钠	0.5	3	1	1.6
异丙醇	1	4	2	2.5
过碳酸钠	10	20	13	16
一缩二丙二醇	10	20	13	15

续表

原　　料	配比(质量份)			
	1#	2#	3#	4#
葡萄糖三乙酸酯	10	20	12	14
硫酸钠	18	30	22	25
乙基溶纤剂	1	3.6	1.5	2.2
棕榈酸异丙酯	2	5	3	3.5
双缩脲	0.4	1.8	0.8	1
荧光增白剂	0.3	0.7	0.4	0.5
水	200	700	300	450

制备方法 将十二烷基苯磺酸钙和三甲基丁酸苯酯甲酸胺溶于水中，加热至80～90℃，待完全溶解后加入聚丙烯酸钠、异丙醇、过碳酸钠、一缩二丙二醇、葡萄糖三乙酸酯、硫酸钠、乙基溶纤剂和棕榈酸异丙酯，搅拌混合均匀后加入双缩脲和荧光增白剂，混合均匀即得洗衣液。

产品应用 本品主要是一种新型织物用增白去污洗衣液。

产品特性 本产品对织物的去污效果好，同时具有优异的洁白效果，清洗后的织物不易缩水，也不易变形，织物的缩水率在0.7%以下。

配方 72 植物酵素洗衣液

原料配比

原　　料	配比(质量份)	原　　料	配比(质量份)
水	1581.5	丙基甜菜碱	42
乙二胺四乙酸四钠	1	椰油酸单乙醇酰胺	25
氢氧化钠	10	葡萄糖苷	40
烷基苯磺酸	140	植物天然酵素	20
二甲苯磺酸钠	10	甲基异噻唑啉酮	2
月桂醇醚硫酸酯钠	65	香料	4
月桂醇聚醚-7	40	色素	0.052
月桂醇聚醚-9	20		

制备方法

(1) 取1.5份的水与0.052份的色素进行溶解混合，待用。

(2) 将1580份的水加至锅中，加入乙二胺四乙酸四钠进行搅拌10min；再加入氢氧化钠进行搅拌15min，再加入烷基苯磺酸进行搅拌40min；再依次加入二甲苯磺酸钠、月桂醇醚硫酸酯钠、月桂醇聚醚-7、月桂醇聚醚-9、丙基甜菜碱进行搅拌 80min。

(3) 再依次加入椰油酸单乙醇酰胺、葡萄糖苷进行搅拌 20min；然后再依次加入植物天然酵素、甲基异噻唑啉酮、香料进行搅拌 10min；再加入步骤 (1) 中混合后的色素进行搅拌 10min；然后取样送检，检验合格后用 100 目过滤网过滤后进行灌装。

产品应用 本品是一种植物酵素洗衣液。

产品特性 植物天然酵素能有效去除污渍，能够高效地杀菌，无色素添加，对皮肤无刺激性。

配方 73 植物洗衣液

原料配比

原料	配比(质量份)		
	1#	2#	3#
乙酸氯己啶	2	5	4
柠檬酸	6	3	5
丁香	2	4	3
花椒	6	2	5
丹皮	3	6	4
苦参	6	3	5
蛇床子	3	6	4
水	120	100	100

制备方法 按配方称取中药丁香、花椒、丹皮、苦参、蛇床子，按常规方法制备水提液，与乙酸氯己定、柠檬酸混合，加水即得。所述各中药用水煎煮 2 次，合并煎液。

产品应用 本品是一种植物洗衣液。

产品特性 本产品能够用于消毒杀菌，环保性好，使用效果好且方便。

配方 74 植物型防褪色的洗衣液

原料配比

原料	配比(质量份)		
	1#	2#	3#
迷迭香提取物	5	7	9
脂肪醇聚氧乙烯醚硫酸钠(AES)	2	4	6
甘油	2	2.5	3

续表

原　料	配比(质量份)		
	1#	2#	3#
脂肪酸钠盐	4	6	8
氯化钠	3	5	7
抗氧化剂	6	7	9
水	78	68.5	67

制备方法　将各组分按比例混合在一起，将混合物充分混合均匀后进行分装即可。

原料介绍　所述的迷迭香提取物是一种从迷迭香植物中提取出来的天然抗氧化剂，它内含鼠尾草酸、迷迭香酸、熊果酸等。它不但能提高洗衣液的稳定性和延长储存期，同时还具有高效、安全无毒、稳定耐高温等特性。

所述的抗氧化剂为抗坏血酸、D-异抗坏血酸钠、甘草抗氧物、乙二胺四乙酸二钠钙、抗坏血酸钙中的一种或几种。

产品应用　本品是一种植物型防褪色的洗衣液。

产品特性　本品能够很好地去除污垢，具有很低的刺激性，还能保持衣物的光鲜；在手洗衣物的过程中也不会伤害皮肤，能起到一定的杀菌作用。

配方 75　植物型环保低泡洗衣液

原料配比

原　料	配比(质量份)	原　料	配比(质量份)
脂肪醇聚氧乙烯(3)醚硫酸钠(70%)	9	橙油	1
甘草	5	过碳酸钠	0.5
南瓜子油	6	香精	0.3
氯化钠	3	二氧基乙酸合铜	0.1
辛基酚聚氧乙烯醚	2	4-甲基-7-二甲胺香豆素	0.1
柠檬酸钠	1	水	72

制备方法　在混合釜中，先加入水，在搅拌条件下，加入脂肪醇聚氧乙烯(3)醚硫酸钠(70%)、甘草、南瓜子油、氯化钠、辛基酚聚氧乙烯醚、柠檬酸钠、橙油、过碳酸钠、香精、二氧基乙酸合铜、4-甲基-7-二甲胺香豆素。搅拌混合均匀，即可得到植物型环保低泡洗衣液。

产品应用　本品是一种植物型环保低泡洗衣液。

产品特性

(1) 所述二氧基乙酸合铜，它有抑制漂白剂分解的作用，是通过抑制金属离子对过氧化氢及次氯酸类漂白剂引起的催化分解，提高洗涤的漂白效率，节约洗衣液，降低漂白成本。

（2）过碳酸钠也叫过氧碳酸钠或者固体过氧化氢，由碳酸钠和过氧化氢加成的复合物，过碳酸钠有无毒、无臭、无污染等优点，过碳酸钠还有漂白、杀菌、洗涤、水溶性好等特点，具有存储的稳定性和与其他洗衣粉成分的配伍性能良好。

（3）所述南瓜子油，其中主要脂肪酸为亚油酸、油酸、棕榈酸及硬脂酸，还有亚麻酸、肉豆蔻酸；还含类脂成分，内有三酰甘油、单酰胆碱、磷脂酰乙醇胺、磷脂酰丝氨酸、脑苷脂等。这些成分能起到驱虫的作用。

（4）甘草是中草药，在中药领域用于疲倦乏力，在本产品中它起到抗皮肤过敏的作用，添加中药成分甘草的洗衣液洗涤衣物后还能起到抗皮肤过敏的作用。

（5）本产品低泡省水去污能力强，洗过衣服能驱虫抗过敏。

配方 76 植物型洗衣液组合物

原料配比

原料	配比(质量份)		
	1#	2#	3#
荆芥提取物	8	10	12
皂荚提取液	5	7	10
氯化钠	0.5	0.7	1.5
脂肪酸甲酯磺酸钠	2.6	1.9	2.6
谷氨酸月桂酸	0.5	2.3	0.5
聚乙烯吡咯烷酮	3	7	8
脂肪分解酶	0.5	0.9	0.5
香精	6	10	12
柠檬酸钠	2	6	8
水	35	45	50

制备方法 将各组分原料混合均匀即可。

产品应用 本品是一种植物型洗衣液组合物。

产品特性 本品性能温和，使用过程中刺激性小，易于漂洗，去污能力强，使用量少，难降解有机物含量少，对环境友好。本品解决了常用洗衣液有机物含量多、用量大、易带来环境污染的问题。

配方 77 植物型婴儿洗衣液

原料配比

原料	配比(质量份)			
	1#	2#	3#	4#
万寿菊精油	12	18	15	20
椰油精华	5	8	9	10
小苏打	0.5	1	0.6	0.8
天然脂肪醇	10	13	12	15
天然脂肪醇聚氧乙烯醚	2	3	2.5	2.5
橙油	3	5	2	4
水	70	80	75	80

制备方法 按照所述质量份称取各组分，45℃条件下，将其混合，匀速搅拌，即可得产品。

原料介绍 所述万寿菊精油提取自万寿菊叶。

所述万寿菊精油的制备工艺，包括如下制备步骤。

(1) 打浆：将万寿菊叶进行打浆。

(2) 萃取：打浆后，加入无水乙醇进行萃取，得萃取液；所述打浆的温度为100℃。

(3) 干燥：向步骤 (2) 所述的萃取液中加入硫代硫酸钠进行干燥。

(4) 蒸馏：将干燥后的溶液进行常压蒸馏，除去无水乙醇，得到万寿菊精油。所述蒸馏的温度为50℃。

产品应用 本品是一种植物型婴儿洗衣液。

产品特性

(1) 万寿菊精油具有良好的抗氧化、驱蚊、抑菌等生物活性。所述万寿菊叶产自我国黑龙江。特别添加在本品中，能够抑制细菌滋生，夏天还具有防蚊功能，更好地保护婴儿免受外界环境的干扰。

(2) 所述的植物型婴儿洗衣液所含组分均为天然成分，洗涤衣物后，在衣物上不残留，不会对婴儿皮肤造成刺激。橙油对各种油溶性污垢有极强的溶解清洗力，去污能力高，并且成本低。

配方 78 植物抑菌除螨洗衣液

原料配比

原料	配比(质量份)			
	1#	2#	3#	4#
莲花提取物	0.5	6	3.5	6

续表

原料		配比(质量份)			
		1#	2#	3#	4#
野菊花提取物		0.1	5	2.5	0.1
除螨杀菌植物提取液(R301)		0.1	0.5	0.25	0.5
阴离子表面活性剂	烷基苯磺酸钠	6	—	—	—
	脂肪酸钾皂	—	31	—	—
	脂肪醇聚氧乙烯醚硫酸钠	—	—	15	6
非离子表面活性剂	烷基糖苷	12	—	22	—
	脂肪醇聚氧乙烯醚	—	43	—	43
增稠剂及其他助剂	羧甲基纤维素钠及异噻唑啉酮、色素和香精	0.06	—	—	—
	海藻酸钠及异噻唑啉酮、色素和香精	—	1	0.1	—
	卡拉胶及异噻唑啉酮、色素和香精	—	—	—	0.06
水		40	60	50	60

制备方法

(1) 取水总量的30%～40%加入搅拌釜中，加热至70～80℃，边搅拌边按次序加入阴离子表面活性剂、非离子表面活性剂以及莲花提取物、野菊花提取物和除螨杀菌植物提取液（R301)，溶解后搅拌0.5～1h使之混合均匀，得到表面活性剂原液；

(2) 取水总量的30%～40%加入搅拌釜中，加热至50～60℃，边搅拌边加入增稠剂，持续搅拌至溶液均匀透明，得到增稠剂原液；

(3) 将表面活性剂原液和增稠剂原液混合，补足余量的水，加入其他助剂，全部溶解后，再调节pH值至6～8，即为植物抑菌除螨洗衣液。

原料介绍 所述阴离子表面活性剂为烷基苯磺酸钠、脂肪酸钾皂或脂肪醇聚氧乙烯醚硫酸钠。

所述非离子表面活性剂为烷基糖苷、脂肪醇聚氧乙烯醚。

所述增稠剂为羧甲基纤维素钠、海藻酸钠、黄原胶或卡拉胶。

所述其他助剂选自防腐剂、色素和香精中的一种或多种。

所述防腐剂为异噻唑啉酮。

产品应用 本品是一种安全的植物抑菌除螨洗衣液。

产品特性

(1) 本产品中野菊花具有清热消毒消肿的功效，野菊花提取物对金黄色葡萄球菌、白喉杆菌、链球菌、绿脓杆菌、流感病毒均有抑制作用。莲花提取物对细菌、酵母菌、霉菌具有良好的抗菌效能。R301 是高活性除螨杀菌原液与特殊除螨杀菌植物提取液的复配物，能有效驱除和杀灭各类螨虫。经中国疾病预防控制中心寄生虫预防控制所检测，0.1%的 R301 除螨杀菌剂的驱螨率为 100%，灭螨率为 100%。

(2) 本品采用天然植物精华和绿色环保型表面活性剂，无磷，无荧光增白剂。

(3) 泡沫细腻丰富，去污能力强，易于漂洗，pH 值呈中性，温和无刺激，不伤手。

配方 79 重垢无磷洗衣液

原料配比

原　　料	配比(质量份)	原　　料	配比(质量份)
脂肪醇烷氧化物	4.1	荧光增白剂	0.1
椰油脂肪酸(60%)	24.5	烷基磷酸酯钾盐(50%)	26.4
单乙醇胺	1.6	水	28.4
柠檬酸(无水)	6.6	烷基苯磺酸钠(60%)	24.5
NaOH(50%)	6.7		

制备方法 按下列顺序将各个组分加入水中：脂肪醇烷氧化物、椰油脂肪酸、单乙醇胺、柠檬酸（无水）、NaOH（50%）、荧光增白剂、烷基磷酸酯钾盐（50%）、烷基苯磺酸钠（60%）。继续混合至均一溶液。柠檬酸或 NaOH 用来调节所需 pH 值。

产品应用 本品是一种高效、无污染的化学洗涤液。

产品特性

(1) 环保：不含磷成分，对环境无污染；

(2) 节能：生产工艺简单，不需要贵重的加工设备，易溶于普通水中；

(3) 适于机械化洗涤：对于领口、袖口处的污垢不需用手搓洗，只需涂抹少量液体于污垢严重处放入机器中洗涤即可。

配方 80　内衣专用洗衣液

原料配比

原料	配比(质量份)		
	1#	2#	3#
十二烷基二甲基甜菜碱	7	11	9
直链烷基苯磺酸钠	3	6	4
三聚磷酸钠	4	7	5
碳酸镁	8	12	10
过硼酸钠	2	6	4
椰油酰二乙醇胺	4	6	5
甘菊花提取物	3	7	5
烷基苯磺酸钠	14	17	16
淀粉酶	2	6	4
二甲苯硫酸钠	12	16	13
硅酸钠	5	7	6
荧光增白剂	3	6	4
羧甲基纤维素	5	6	6

制备方法　将各组分原料混合均匀即可。

产品应用　本品是一种专用内衣洗衣液。

产品特性　本产品令衣物蓬松、柔软、光滑亮泽，并且具有除菌和持久留香的功效。

四、电器洗涤剂

配方1 家用电器清洁剂

原料配比

原料	配比(质量份)					
	1#	2#	3#	4#	5#	6#
乳化型表面活性剂	2	3	5	2	3	5
乙二醇	10	7	4	10	7	4
聚氧乙烯烷基醚	20	25	30	20	20	24.0
中和剂	5	4	2	5	4	2
水	63	61	59	59.5	61.7	59
乙醇	—	—	—	3	4	5
香精	—	—	—	0.5	0.3	0.1

制备方法 采用一般方法均匀混合而成。

产品应用 本品用于家用电器的清洁。

产品特性 本品克服了现有清洁剂存在的缺陷，且不含有任何有毒有害物质，无异味，还具有防菌杀菌作用。在生产制备过程中，无污水排放，防止了环境污染，维护了生态平衡，同时也有利于保护人体的皮肤。

配方2 冰箱清洁剂

原料配比

原料	配比(质量份)			
	1#	2#	3#	4#
十二烷基二甲基苄基氯化铵	0.3～0.5	0.4～0.5	0.3～0.4	0.35～0.45
苯扎溴铵	0.3～0.5	0.4～0.5	0.3～0.4	0.35～0.45
甘氨酸盐酸盐	0.2～0.5	0.3～0.5	0.2～0.3	0.25～0.3
乙醇	30.0～40.0	33.0～40.0	30.0～35.0	33.0～38.0
脂肪醇聚氧乙烯醚硫酸钠	5.0～10.0	6.0～10.0	5.0～8.0	6.0～9.0
椰油酸二乙醇酰胺	5.0～10.0	7.0～10.0	5.0～9.0	7.0～8.0
碳酸钠	1.0～3.0	2.0～3.0	1.0～2.0	2.0～2.5
氯化钠	1.0～3.0	1.5～3.0	1.0～2.0	1.0～2.5
水	加至100	加至100	加至100	加至100

制备方法

（1）将十二烷基二甲基苄基氯化铵、苯扎溴铵、甘氨酸盐酸盐按比例加热至45℃溶解；

（2）将乙醇按比例溶解于水中加入上述溶液中再进行冷却；

（3）依次加入脂肪醇聚氧乙烯醚硫酸钠、椰油酸二乙醇酰胺并同时搅拌以避免产生大量气泡；

（4）再按比例加入碳酸钠、氯化钠进行乳化反应；

（5）按需加入香精和染料，以 80r/min 进行混匀 5min，冷却后进行分装，检验，合格后入库。

产品应用　本品专业用于冰箱的消毒、杀菌。

产品特性　本品抗菌去污效果显著；无毒、无色、无味、无刺激、无腐蚀性；化学性质极为稳定；对冰箱内壁和冰箱架子表面的异味和病菌的去除和消毒有特效；工艺简单，成本低。

配方 3　冰箱消毒清洁剂

原料配比

原　　料	配比(质量份)	原　　料	配比(质量份)
馏出液	72	乙醇	20
吐温-80	0.6	水	7.4

其中馏出液：

原　　料	配比(质量份)	原　　料	配比(质量份)
丁香	22	野菊花	24
川椒	44	菖蒲	10

制备方法　取配方中丁香、川椒、野菊花、菖蒲四味中草药，清洗干净，加入适量水浸泡 2h，进行水蒸气蒸馏，收集馏出液即蒸馏提取液，并控制馏出液的浓度为 1∶5（生药∶馏出液），然后向馏出液中加入乙醇、吐温-80 和水，并混合乳化剂得本品。

产品应用　本品用于冰箱冷藏室的清洗。

产品特性

（1）使用时对食物及环境均不产生二次污染，且对人体无副作用；

（2）能迅速杀灭冰箱冷藏室内的各种嗜冷性病菌与霉菌，不仅可减少疾病的传播，而且对食物产生防腐保鲜的作用；

（3）本品主要组分均由天然植物提取，因而能满足人们“崇尚天然、回归自然”的要求；

（4）可采用喷雾的方法直接喷入冷藏室内，因而使用方便、简单。

配方4 空调杀菌清洗剂

原料配比

原料	配比(质量份)					
	1#	2#	3#	4#	5#	6#
壬基酚聚氧乙烯醚	1.0	—	—	0.6	—	—
椰油酸二乙醇酰胺	—	—	—	—	0.8	0.4
十二烷基苯磺酸钠	—	0.8	—	0.2	—	—
脂肪醇醚硫酸钠	—	—	0.5	—	—	0.3
异丙醇	60	—	50	60	30	20
乙二醇甲醚	—	—	10	6	—	5
乙二醇	—	70	—	—	30	30
三氯羟基二苯醚	0.5	—	0.2	—	—	0.25
戊二醛	—	2	—	1	—	—
洗必泰	—	—	0.1	—	0.5	—
香精	0.3	0.3	0.3	0.3	0.3	0.3
水	38.2	26.9	38.9	31.9	38.4	43.75

制备方法 将表面活性剂加入水中，室温下搅拌，使之溶解于水中，再加入一种或一种以上的溶剂，室温下搅拌溶解，将一种或一种以上的杀菌剂加入，加入适量的香精，并混合均匀，以8份液和2份LPG的比例充入气雾剂LPG（丙丁烷气体），常温下，其压力为0.3～0.4MPa，即可获得洗涤剂。

产品应用 本品可用于清洗各种空调设备，主要用于家庭空调器的清洗。

产品特性 本品清洗效果显著，清洗彻底，洗涤完成后，无须用水冲洗。能迅速杀灭空调器过滤网和散热片上的细菌和霉菌，在清洗部位形成一层杀菌膜，可以有效预防细菌和霉菌的生长繁殖。本制剂无毒无色，安全无腐蚀。

配方5 空调杀菌除螨清洗剂

原料配比

原料	配比(质量份)		
	1#	2#	3#
脂肪醇聚氧乙烯(9)醚	0.5	—	1.0
壬基酚聚氧乙烯(10)醚	—	0.5	—
椰子油酸三乙醇胺	—	0.5	—
油酸三乙醇胺	—	—	1.0
乙醇	20	30	30

续表

原　料	配比(质量份)		
	1#	2#	3#
乙二醇丁醚	1.0	1.0	5
O-甲基-*O*-(2-异丙氧基羰基苯基)-*N*-异丙基硫代磷酰胺	0.2	—	—
1,2-苯并异噻唑啉酮	—	0.5	—
3,5-二硝基邻甲苯酰胺	—	—	1.0
卡松	0.1	—	1.0
香精	0.5	0.5	0.5
水	加至100		

制备方法　将表面活性剂加入水中，室温下充分搅拌，待搅拌均匀后，将一种或一种以上的溶剂加入上述表面活性剂的水溶液中，同样室温下搅拌均匀，而后先后将杀菌除螨成分和香精加入上述溶液中，在室温下彻底搅拌均匀，然后取配制好的料液按比例倒入气雾罐中，再冲入气雾推进剂DME，使罐内压力室温下保持在0.2～0.5MPa，即制成所述的空调杀菌除螨清洗剂。

原料介绍　表面活性剂包括脂肪醇聚氧乙烯醚系列、壬基酚聚氧乙烯醚系列、用有机碱或金属盐中和含有COO^-、SO_4^{2-}、SO_3^{2-}基团表面活性剂的盐或脂肪酸烷醇酰胺中的一种或一种以上。优选的表面活性剂为：脂肪醇聚氧乙烯(9)醚、壬基酚聚氧乙烯(10)醚或有机碱中和的脂肪酸盐中的一种或一种以上，如脂肪酸三乙醇胺盐中的一种或一种以上。

上述溶剂包括：乙醇、异丙醇、乙二醇乙醚、乙二醇丁醚、二乙二醇甲醚、二乙二醇乙醚、甲缩醛二甲醇中的一种或一种以上。优选的溶剂为乙醇、异丙醇、乙二醇丁醚、二乙二醇乙醚中的一种或一种以上。

上述杀菌除螨成分包括酰胺类化合物、异噻唑啉酮类化合物或羧酸(酯)类化合物中的一种或一种以上。酰胺类化合物是苯酰胺类化合中的一种或一种以上。优选的杀菌除螨成分是*O*-甲基-*O*-(2-异丙氧基羰基苯基)-*N*-异丙基硫代磷酰胺、3,5-二硝基邻甲苯酰胺、卡松、尼泊金甲酯中的一种或一种以上。

杀菌除螨剂异噻啉酮类化合物是：1,2-苯并异噻唑啉酮、5-氯-2-甲基-4-异噻唑啉-3-酮和2-甲基-4-异噻唑啉-3-酮(简称卡松)、2-甲基-4,5-三亚甲基-4-异噻唑啉-3-酮中的一种或一种以上。

杀菌除螨剂羧酸(酯)类化合物是尼泊金甲酯、尼泊金乙酯、尼泊金丙酯、过乙酸中的一种或一种以上。

有机碱为三乙醇胺、二乙醇胺或单乙醇胺中的一种或一种以上。

料液组分中可以含有适量香精。

产品应用 本品可用于杀灭空调器中螨虫、霉菌及常见细菌。

产品特性 本清洗剂不仅使用方便，迅速向空调的散热片和送风系统渗透分散，快速去除积聚在空调内部的各种灰尘、污垢等，尤其可有效清除滋生在空调内部的螨虫、霉菌和有害细菌等，是一种环保、性能优良的空调清洗产品。

配方 6 空调清洁剂

原料配比

原料	配比(质量份)								
	1#	2#	3#	4#	5#	6#	7#	8#	9#
氢氧化钠	31	100	200	200	60	130	200	130	80
十二(烷基)醇硫酸钠	—	—	—	20	—	—	—	—	—
十二醇硫酸钠	—	—	—	—	6	12	20	10	16
烷基酚聚氧乙烯醚	2	9	10	20	6	13	20	19	9
脂肪醇聚氧乙烯醚硫酸钠	4	6	15	20	6	12	20	17	10
三聚磷酸钠	—	—	—	10	—	—	—	9	—
三聚磷酸钠(多聚磷酸钠、五钠)	—	—	—	—	5	10	15	—	17
水	加至1000								

制备方法 将原料按比例用水调和充分溶解即可。

产品应用 本品用于空调的清洗。

产品特性 本品操作方便、省时、环保、去污力强、去污方便，又不损伤轻薄的铝质散热片。

配方 7 家用空调清洗剂

原料配比

原料	配比(质量份)		
	1#	2#	3#
硅酸钠	0.5	1	1
十二烷基苯磺酸钠(30%～60%)	4	7	5
聚氧乙烯烷基醚	4	7	5
聚乙二醇	0.4	1	2
四乙基乙二胺	1	5	7

续表

原料	配比(质量份)		
	1#	2#	3#
三乙醇胺	5	7	4
医用乙醇	8	7	6
杀菌剂(1227)	0.1	1	1
水	加至100		
香精	适量	适量	适量

制备方法 取32份水与硅酸钠在不锈钢桶内，温控在40℃的条件下溶解，直至硅酸钠全部溶解；取含十二烷基苯磺酸钠、聚氧乙烯烷基醚、聚乙二醇、四乙基乙二胺、三乙醇胺、医用乙醇3.5份、杀菌剂（1227）放在带推进式搅拌器的不锈钢反应釜内，室温10℃的条件下混溶搅拌，搅拌速率50次/min，搅拌时间0.5h；将不锈钢桶内的无机组分在搅拌下加入已混溶好的有机组分的不锈钢反应釜内，温控在40℃的条件下补加余下的乙醇和水；温控在50℃的条件下搅拌维持1h，补加柠檬香精少许；抽样检测、成品包装。

产品应用 本品主要用于家用空调器的清洗。

产品特性 本品不含磷，不含有机溶剂（除食品级乙醇外），pH接近中性，为绿色产品。本品在使用中，泡小量多，去污力强，尤其对尘垢、油污和锈垢去除快而彻底。本品有形成杀菌防锈膜的作用，对螨虫、军团菌作用明显。由于能镀膜，防锈缓蚀作用好。

配方8 空调翅片喷雾清洗剂

原料配比

原料	配比(质量份)	
	1#	2#
30%盐酸	50	135
75%硝酸	16	82
柠檬酸	8.5	34
草酸	8.5	34
乌洛托品	2	12
若丁	2	12
苯胺	2	10
APG	3	25
AEO	3	38

续表

原　　料	配比(质量份)	
	1#	2#
LAS	2	20
CMC-Na	4	2
水	886	504

制备方法　将30%盐酸、75%硝酸、柠檬酸和草酸混合溶解在一起；另将乌洛托品、若丁和苯胺用150份水溶解，并加入所得的混合酸溶液中；将APG、AEO和LAS用250份水溶解后，在200～250r/min的搅拌速度下加入混合溶液中；然后加入剩下的水，在200～250r/min的搅拌速度下加入CMC-Na，并搅拌均匀；将所得混合剂倒入瓶中，即得产品。

产品应用　本品用于清洗空调机翅片，使用时，可采用浇洒和喷雾方式，喷雾清洗必须使用普通喷雾装置，用此清洗剂喷上3～5s，过1～2min后，用水喷雾漂洗即可。

产品特性　本清洗剂采用喷雾清洗，用量少，时间短，清洗效果好，去污垢效果可达到99%以上；生产工艺简单，操作方便，容易控制；原料来源广泛，投资少，成本低。采用本清洗剂清洗后的空调翅片残留物少，漂洗容易。本清洗剂对空调翅片无腐蚀，使用的表面活性剂易生物降解，对环境无污染；本品属于水基清洗剂，稳定性好，长期放置不分层。

配方9　洗衣机槽清洗剂

原料配比

原　　料	配比(质量份)		
	1#	2#	3#
过碳酸钠	16	35	—
过硼酸钠	—	—	45
三聚磷酸钠	0.2	3	5
碳酸钠	1	5	—
碳酸氢钠	—	—	9
五水偏硅酸钠	10	—	—
九水偏硅酸钠	—	4	—
五水硅酸钠	—	—	1
十二烷基硫酸钠	4.8	—	—
脂肪醇聚氧乙烯醚	—	0.5	—

续表

原　　料	配比(质量份)		
	1#	2#	3#
脂肪醇聚氧乙烯醚硫酸钠	—	—	1.5
无水硫酸钠	68	51.5	35
烷基酚聚氧乙烯醚	—	—	1.5
香精	—	0.5	1
酶制剂	—	0.5	1

制备方法 将各组分按比例混合而成。

原料介绍 本清洁剂含有氧化漂白剂、洗涤助剂、金属保护剂、表面活性剂和填充剂。

氧化漂白剂优选过碳酸盐或过硼酸盐，更优选的是，该过碳酸盐为过碳酸钠，该过硼酸盐为过硼酸钠。

洗涤助剂优选三聚磷酸盐、碳酸盐、碳酸氢盐、硼砂、焦磷酸盐、聚丙烯酸盐、次氮基三乙酸盐、EDTA-2Na盐中的一种或多种，更优选的是，该三聚磷酸盐为三聚磷酸钠，该碳酸盐为碳酸钠，该碳酸氢盐为碳酸氢钠，焦磷酸盐为焦磷酸钠，聚丙烯酸盐为聚丙烯酸钠，次氮基三乙酸盐为次氮基三乙酸钠。

金属保护剂优选偏硅酸盐或硅酸盐，更优选的是，该偏硅酸盐为五水偏硅酸钠或九水偏硅酸钠，该硅酸盐为五水硅酸盐或九水硅酸盐。

表面活性剂优选为十二烷基硫酸钠、直链烷基苯磺酸盐、脂肪醇聚氧乙烯醚、脂肪醇聚氧乙烯醚硫酸盐、烷基酚聚氧乙烯醚中的一种或多种，总含量为0.1%～5%，更优选的是，该直链烷基苯磺酸盐为直链烷基苯磺酸钠，该脂肪醇聚氧乙烯醚硫酸盐为脂肪醇聚氧乙烯醚硫酸钠。

填充剂优选为无水硫酸盐，更优选的是，无水硫酸盐为无水硫酸钠。

该清洁剂还含有辅剂，辅剂为香精和酶制剂。

产品应用 本品用于清洁洗衣机槽。

产品特性

(1) 有效杀灭或抑制有害病菌，避免衣物二次污染。

(2) 复合去污技术，有效去除洗衣槽内顽固污垢。

(3) 无刺激性，对人体安全。

(4) 复合缓蚀技术，对洗衣机无腐蚀性。

(5) 无磷或低磷配方，具有环保性。

配方 10 洗衣机用清洗剂

原料配比

原料	配比(质量份)		
	1#	2#	3#
过碳酸钠	65	45	50
三聚氰胺	30	45	35
丙烯酸-马来酸酐共聚物钠盐(MA-Co-AA 钠盐)	0.5	1	1
异噻唑啉酮	2	3.5	3
DOWFAX 类产品	1.5	3.5	4
EDTA-4Na	1	2	7

制备方法

(1) 先称取过碳酸钠和三聚氰胺组分，放入搅拌器 K 中搅拌均匀。

(2) 再称取丙烯酸-马来酸酐共聚物钠盐（MA-Co-AA 钠盐）、异噻唑啉酮、DOWFAX 类产品和 EDTA-4Na 组分，放入搅拌器 L 中，随搅拌逐渐加热到 70℃，搅拌均匀。

(3) 开动搅拌器 K，将搅拌器 L 中的混合物倒入搅拌器 K 中，均匀搅拌 10min 制成。

原料介绍 所述的杀菌防腐剂为艾叶、板蓝根等中草药汁、季铵盐、咪唑啉、异噻唑啉酮类广谱杀菌剂中的任一种。所述的表面活性剂为商品名为 DOWFAX 类产品的非离子表面活性剂。

产品应用 本品用于清除洗衣机内污染物。

产品特性 本品集低泡清洗、除垢、抗菌、抗污垢再次沉积等多种功能于一体，其配伍性和洗涤性能好，且易于生物降解，对环境友好，能有效地清除洗衣机内积存的污垢、纤维、杂质、细菌等污染物，从而达到抗洗衣机二次污染的目的。

配方 11 洗衣机隔层清洗剂

原料配比

原料		配比(质量份)		
		1#	2#	3#
添加剂	十二烷基苯磺酸钠	4	6	5
	二甲苯磺酸钠	3	2	2.5
	脂肪醇聚氧乙烯醚	3	2	2.5

续表

原料	配比(质量份)		
	1#	2#	3#
硅酸钠	30	35	56
次氯酸钠	69	64	43
添加剂	1	1	1

制备方法 将各组分混合均匀即可。

产品应用 本品用于对洗衣机隔层进行清洗。

产品特性 本品可有效去除洗衣机隔层中的污垢，杀灭滋生在洗衣机隔层中的细菌，并消除细菌的滋生环境，确保在洗涤衣物时不会有细菌进入洗净的衣物，从而保证人体不会受到无名细菌的伤害。

配方 12 洗衣机桶洗涤剂

原料配比

原料	配比(质量份)		
	1#	2#	3#
过硼酸钠	75	60	40
硼酸钠	20	—	—
碳酸氢钠	—	20	—
过碳酸钠	—	—	30
碳酸钠	—	—	20
NP-30	5	—	—
壬基酚聚氧乙烯醚(NP-20)	—	5	—
AEO-15	—	—	7.5
过氧化氢	—	10	—
吐温-40	—	5	—
OP-30	—	—	2.5

制备方法 将各组分混合均匀即可。

原料介绍 所述的氧系清洁剂、抗菌剂指水溶解度大于10g的，在水中可释放氧气的盐类或过氧化物类物质，最好为过碳酸钠、过硼酸钠、过氧化氢等或它们的混合物。

所述碱性无机盐类物质指水溶解度大于10g的、1%水溶液、pH值大于8的无机盐类物质，最好为碳酸钠、碳酸氢钠、硼酸钠等或它们的混合物。

所述非离子表面活性剂指水溶解度大于1g、亲水亲油平衡值（HLB）在

15～30之间的非离子表面活性剂，最好为烷基酚聚氧乙烯醚系列物质。如壬基酚聚氧乙烯醚NP系列、OP系列表面活性剂；脂肪醇聚氧乙烯醚系列物质，如平平加系列、AEO系列表面活性剂；失水山梨醇脂肪酸酯聚氧乙烯醚物质，如吐温-20、吐温-30、吐温-40等表面活性剂。

产品应用　本品适用于目前各类洗衣机。

产品特性　本产品能有效清除洗衣机内、外桶附着、积累的污渍和细菌，消除洗衣过程中交叉感染细菌的根源。操作简便、成本低廉，不会对洗衣机和衣物造成损害，洗涤后的排放物对环境没有破坏作用。

配方13　燃气热水器积炭清洗剂

原料配比

原　　料	配比(质量份)	原　　料	配比(质量份)
脂肪醇聚氧乙烯醚硫酸钠	3～4.5	乙醇	1.0～3
脂肪酸烷醇酰胺	1～2	2-溴-2-硝基-1,3-丙二醇	0.02～0.06
烷基酚聚氧乙烯(10)醚	1.5～2.5	柠檬酸	0.5～2
三聚磷酸钠	1～2	水	82.94～91.48
焦磷酸钠	0.5～1		

制备方法　取三聚磷酸钠、焦磷酸钠，将其充分溶解在水中。在搅拌下，将乙醇加入上述的制成物中。在不停搅拌下，按比例将脂肪醇聚氧乙烯醚硫酸钠、脂肪酸烷醇酰胺、2-溴-2-硝基-1,3-丙二醇、烷基酚聚氧乙烯（10）醚加入，混合均匀。最后将柠檬酸加入，将其pH值调节为小于等于9.5。然后装瓶，包装，即为成品。

原料介绍　脂肪酸烷醇酰胺最好选用总胺值大于40的产品。乙醇为增溶剂，可选用工业乙醇。

产品应用　本产品专用于家用燃气热水器积炭的清洗。

产品特性　本品具有良好的渗透、润湿、分散、乳化、去污性能，能有效地去除燃气热水器换热器翅片表面和燃气喷嘴的积炭，防止因其堵塞或变窄而造成燃气不能充分燃烧所引起的一氧化碳中毒事故。另外，可以提高翅片的吸热效率和燃气的燃烧效率，达到节省能源的目的。本品安全无毒，对热水器部件无腐蚀性，使用简单方便，可采用喷淋方式清洗，而无须拆卸热水器。

五、玻璃洗涤剂

配方 1　玻璃清洁剂

原料配比

原　　料	配比(质量份)	原　　料	配比(质量份)
乙醇	80	水	19.5
表面活性剂	0.4	纳米银	5～100
香精	0.1		

制备方法　将各组分称量后混合均匀即可。

产品应用　本品主要是一种玻璃清洁剂。

产品特性　本品专门用于擦净玻璃上的污垢，玻璃用本品清洁过后不会留下水雾，玻璃明亮如初。

配方 2　玻璃清洗剂

原料配比

原　　料		配比(质量份)				
		1#	2#	3#	4#	5#
醇	异丙醇	20	—	—	20	—
	乙醇	—	15	—	—	—
	丁醇	—	—	25	—	—
	乙二醇	3	5	—	3	30
	丙三醇	3	—	—	3	—
阴离子型表面活性剂	α-磺基十八烷酸甲酯	1	—	—	1	—
	α-磺基脂肪酸甲酯	—	—	4	—	1
	正癸基二苯醚二磺酸钠	0.7	4	—	0.7	1

续表

原料		配比(质量份)				
		1#	2#	3#	4#	5#
非离子型表面活性剂	烷基糖苷	—	—	—	—	0.5
	丁烷基葡萄糖苷	0.5	—	—	0.5	—
	N-酰基吡咯烷酮	0.6	1	—	0.6	0.3
水		70	74.5	69.5	70	66
硅氧烷	二甲基硅氧烷/环氧乙烷交联物	0.5	0.1	—	1	0.5
	六甲基环三硅氧烷/环氧乙烷交联物	—	—	0.8	—	—
增溶剂	二甲苯磺酸钠	0.3	0.2	—	0.3	0.3
	聚山梨酯-80	—	—	0.3	—	—
缓蚀剂	柠檬酸钠	0.2	—	—	0.2	0.2
	磷酸三丁酯	0.2	0.2	0.4	0.2	0.2

制备方法

(1) 以清洗剂的总质量为基准，将15%～35%的醇和1.5%～5.5%的表面活性剂加入搅拌器中搅拌2～3h，温度控制在50～60℃。

(2) 冷却至30℃。以清洗剂总质量为基准，加入0.1%～1%的硅氧烷/环氧烷烃交联物（交联度40%，二者质量比为3∶2），加入0.1%～0.3%的增溶剂和0.1%～0.4%的缓蚀剂，继续搅拌1～2h，即得到产品。

原料介绍 所述醇优选包括一元醇和多元醇，一元醇和多元醇的质量比为(1∶3)～(5∶2)。所述一元醇为碳原子数为2～4的一元醇；所述多元醇为碳原子数为2或3的多元醇。

本玻璃清洗剂用的表面活性剂可以采用常规的用于清洗剂的表面活性剂，优选包括阴离子型表面活性剂和非离子型表面活性剂，阴离子型表面活性剂和非离子型表面活性剂的质量比为(2∶3)～(4∶1)。

所述阴离子型表面活性剂选自烷基琥珀酸酯磺酸盐、脂肪醇聚氧乙烯醚硫酸钠、十二烷基硫酸钠、α-磺基脂肪酸甲酯和正癸基二苯醚二磺酸钠中的一种或几种。

所述非离子型表面活性剂选自烷基醇聚氧乙烯醚、烷基多苷和N-酰基吡咯烷酮中的一种或几种。优选情况下，所述阴离子型表面活性剂为α-磺基十八烷酸甲酯和/或正癸基二苯醚二磺酸钠。

本品的清洗剂中还可以添加增溶剂和缓蚀剂。

所述增溶剂可以为常规用在清洗剂中的增溶剂，例如可以为二甲苯磺酸钠、聚山梨酯-80、烷基聚氧乙烯醚中的一种或几种；所述缓蚀剂可以为常用的各种钢铁缓蚀剂，例如可以为偏硅酸钠、亚硝酸钠、硼砂、三乙醇胺、苯并三氮唑、琥珀酸盐、磷酸三丁酯和柠檬酸钠中的一种或几种。

所述硅氧烷选自二甲基硅氧烷、六甲基环三硅氧烷、八甲基环四硅氧烷中的一种或几种；

所述环氧烷烃为环氧乙烷和/或环氧丙烷。

所述硅氧烷/环氧烷烃交联物中硅氧烷和环氧烷烃的摩尔比为（1∶1）～（3∶1），优选为（1∶1）～（2∶1），二者的交联度为30～60。硅氧烷/环氧烷烃交联物可以通过常规的方法将硅氧烷和环氧烷烃进行交联制得，也可以商购得到。

产品应用 本品主要是一种玻璃清洗剂。

产品特性 水溶性的硅氧烷/环氧烷烃交联物的添加，可以增强醇类溶剂的成膜性能，提高防静电的效果，有效地防止玻璃在低温下挂雾。

配方3 玻璃清洗液

原料配比

原料		配比(质量份)			
		1#	2#	3#	4#
醇类	乙醇	93	—	—	85.4
	异丙醇	—	73	99.4	—
表面活性剂	三乙醇胺油酸皂	0.45	—	—	0.3
	十二烷基磺酸钠	—	0.5	0.2	—
酮类	丙酮	0.15	—	—	—
	丁酮	—	2	0.4	—
水		6.34	24.4	—	14.25
颜料	酸性湖蓝	0.02	—	—	—
	弱酸蓝	—	0.04	—	—
香精	柠檬香精	0.04	—	—	—
	苹果香精	—	0.06	—	—
	薄荷油	—	—	—	0.05

制备方法 将醇类、表面活性剂、酮类、颜料和香精、水按上述配比混合均匀制得。

原料介绍 所述醇类包括乙醇、异丙醇。

所述表面活性剂包括三乙醇胺油酸皂、十二烷基磺酸钠。

所述酮类包括丙酮、丁酮。

所述颜料包括酸性湖蓝、弱酸蓝。

所述香精包括柠檬香精、苹果香精、薄荷油。

产品应用 本品是一种玻璃清洗剂。

产品特性

(1) 本品清洁性能好，使用方便，实用环保，对玻璃既具有高洗净能力，又不侵蚀玻璃表面，使用时不留痕迹，对玻璃无损伤，与各种不同型号的玻璃中的成分不互溶，清洗后不会使玻璃变“雾”或在玻璃上留有条纹，同时还不污染周围环境，对人体无害。

(2) 本品含表面活性剂和挥发性溶剂，不用水洗，对玻璃的污垢具有较好的去除能力，使用方便、快捷，不含磷酸盐，选用的表面活性剂生物降解性好，不污染环境，无毒，环保，生产工艺简单，成本低。

配方4 玻璃强力清洗剂

原料配比

原料	配比(质量份)		
	1#	2#	3#
烷基酚聚氧乙烯醚	1	1.5	1
十二烷基苯磺酸钠	—	—	0.7
十二烷基磺酸钠	0.5	0.7	
偏硅酸钠	3.5	1.8	1.8
乙二醇	100	—	—
乙二醇单丁醚	50	150	150
1,2-丙二醇	—	80	80
1,4-丁二醇	—	10	10
丙三醇	20	—	—
异丙醇	350	300	300
水	475	456	456

制备方法 将各组分混合，搅拌至均匀透明，测得其pH值为6.9。

原料介绍 所述非离子表面活性剂为脂肪醇聚氧乙烯醚和/或烷基酚聚氧乙

烯醚；所述阴离子表面活性剂选自仲烷基磺酸盐、十二烷基磺酸盐、十二烷基苯磺酸盐、脂肪醇聚氧乙烯醚硫酸盐、烷基琥珀酸酯磺酸盐中的一种或多种，优选为十二烷基苯磺酸钠、十二烷基磺酸钠、烷基琥珀酸酯磺酸钠和脂肪醇聚氧乙烯醚硫酸钠。

所述缓蚀剂选自亚硝酸钠、硼砂、三乙醇胺、偏硅酸钠、钼酸钠中的一种或多种，优选为亚硝酸钠和钼酸钠。

所述防冻成膜剂选自乙二醇、1,2-丙二醇，1,3-丙二醇和乙二醇单丁醚中的一种或多种，优选为乙二醇、1,2-丙二醇和乙二醇单丁醚。

所述润滑剂选自正丁醇、丙三醇、1,3-丁二醇和1,4-丁二醇，优选为丙三醇和1,4-丁二醇。

所述溶剂为水和有机溶剂的混合物，所述有机溶剂为乙醇和/或异丙醇。

产品应用 本品是一种玻璃清洗剂。

产品特性 本品具有极强的去污能力，可快速有效地清除掉出现在高速运行的列车挡风玻璃上的虫胶、鸟粪、小动物的尸体、血渍及油渍等污染物；具有更强的环境温度适应性，可在－40～60℃的温度内使用，并不影响清洗效果；具有较低的腐蚀性，pH值在6.8～7.2之间，接近于水，对金属与非金属基本无腐蚀；具有良好的润滑性，可减小橡胶雨刷器对挡风玻璃的摩擦，防止擦伤挡风玻璃；添加了防冻成膜成分，可以起到防冰除雾作用；且本品不含有甲醇和氨水等对人有毒或者刺激性成分。

配方5 玻璃清洗防雾剂

原料配比

原料	配比(质量份)	原料	配比(质量份)
水	90～95	双辛基琥珀酸钠盐	2～7
异丙醇	3～5		

制备方法

(1) 把水和异丙醇进行充分的搅拌混合；

(2) 然后再把双辛基琥珀酸钠盐与混合液进行充分的溶解搅拌；

(3) 最后得到本品。

产品应用 本品是一种清洗玻璃的高效玻璃清洗剂。

产品特性 本品成本低，配置方便简单；对玻璃长期暴露在空气中而在其表面产生的污染颗粒和难于去除的污染有高度的溶解、分散、修复作用。去污效果显著，同时还具有一定的防雾防霜作用，而且不腐蚀、无污染。

配方 6 玻璃去污防雾剂

原料配比

原料	配比(质量份)				
	1#	2#	3#	4#	5#
脂肪醇聚氧乙烯醚	5	8	15	10	13
十二烷基酚聚氧乙烯醚	2	4	6	2	2
烷基聚氧乙烯醚硫酸钠	2	4	6	2	2
甲基含氢硅油	1	1.4	5	2	3
乙二醇	2	4	7	5	4
异丙醇	5	—	—	—	—
甲醇	—	—	5	—	—
氨水	—	—	2	—	—
氟利昂	—	—	—	5	—
香精	—	—	—	—	0.2
水	加至100				

制备方法 将各组分混合均匀即可。

产品应用 本品是一种玻璃去污防雾剂。

产品特性 本品在正常的情况下能防雾，不结霜15～20天；本品仅需用50℃的温水即可洗去。

配方 7 玻璃去污防雾清洗剂

原料配比

原料	配比(质量份)	原料	配比(质量份)
无水乙醇	7～10	皂角胶	1～3
丙二醇	8～12	椰油酸乙二醇酰胺	3～6
二乙醇胺	7～12	香精	0.5～1.5
聚乙二醇苯基醚	12～18	水	50～60
野葛胶	2～4		

制备方法 按上述各组分的质量份取料；按先后顺序依次往搅拌釜里加入无水乙醇、丙二醇、二乙醇胺、聚乙二醇苯基醚、野葛胶、皂角胶和椰油酸乙二醇酰胺，搅拌均匀；加入香精和水，进行二次搅拌，直至混合均匀；灌装。

产品应用 本品是一种玻璃去污防雾剂。

产品特性 本品具有配方、工艺简单，去污防雾效果显著，无腐蚀、不燃烧、不污染环境，不影响玻璃的透光性和反光性，使用安全，应用广泛，防雾时间长，去污力强等优点。

配方 8 防静电汽车玻璃清洗剂

原料配比

原料	配比(质量份)		
	1#	2#	3#
乙醇	3	40	20
脂肪醇聚氧乙烯醚	0.015	0.008	0.04
椰油酰二乙醇胺	0.005	0.001	0.01
壬基酚聚氧乙烯醚	0.007	0.004	0.02
醇醚硫酸钠	0.2	0.3	0.1
十二烷基苯磺酸钠	0.8	0.4	0.2
吐温-80	0.1	0.3	0.02
乙二醇醚	1	2	0.8
三乙醇胺	0.06	0.08	0.06
改性二甲基硅油	1.2	2	1.5
苯甲酸钠	0.02	0.03	0.03
乙二胺四乙酸钠	1	1.2	1.5
偏硅酸钠	0.3	0.5	0.3
丙烯酸聚合物	0.2	0.3	0.4
季铵盐	0.02	0.03	0.03
靛蓝	0.0001	0.0002	0.0003
香精	0.3	0.3	0.3
水	加至100		

制备方法

(1) 备料：按上述配比称量乙醇、脂肪醇聚氧乙烯醚、椰油酰二乙醇胺、壬基酚聚氧乙烯醚、醇醚硫酸钠、十二烷基苯磺酸钠、吐温-80、乙二醇醚、三乙醇胺、改性二甲基硅油、苯甲酸钠、乙二胺四乙酸钠、偏硅酸钠、丙烯酸聚合物、季铵盐、靛蓝、香精和水。

(2) 先加入水和乙醇，其他组分逐一混合，搅拌至均匀透明。

产品应用 本品是一种能有效去除污物并长效防静电、防尘，保持玻璃透明光亮的汽车玻璃清洗剂。

产品特性 本品能够在保持并且提高基本清洗能力的基础之上，添加功能性组分，赋予玻璃表面抗再次污染、快干、防雾、亲水和洗后不留痕迹等性能，并且具备无毒、环保、防腐蚀等特点。

配方 9 挡风玻璃清洗剂

原料配比

原料	配比(质量份)				
	1#	2#	3#	4#	5#
烷基糖苷(C_8～C_{10})	0.1	0.2	0.5	0.8	1.0
月桂醇聚氧乙烯醚邻苯二甲酸单酯钠盐	0.6	0.3	0.1	0.05	0.01
丙二醇单甲醚	1.0	2.0	3.0	4.0	5.0
聚乙烯吡咯烷酮 K-15	0.3	0.2	0.1	0.05	0.01
2-膦酸丁烷-1,2,4-三羧酸	0.01	0.03	0.05	0.08	0.1
1,3-丙二醇	1.0	2.0	3.0	4.0	5.0
乙醇	60.0	40.0	30.0	20.0	10.0
水	40.0	50.0	70.0	80.0	90.0

制备方法 取烷基糖苷（C_8～C_{10}）、月桂醇聚氧乙烯醚邻苯二甲酸单酯钠盐、丙二醇单甲醚、聚乙烯吡咯烷酮 K-15、2-膦酸丁烷-1,2,4-三羧酸，1,3-丙二醇、乙醇和水经混合搅拌而成产品。

产品应用 本品是一种挡风玻璃清洗剂。

产品特性 本品具有良好的清洗去污性能和很好的防车身腐蚀效果。

配方 10 浓缩型防雾玻璃清洁剂

原料配比

原料		配比(质量份)		
		1#	2#	3#
氨水		0.5	1	0.2
三乙醇胺		—	—	3
成膜剂	Surf-s110	8	—	3
	Surf-s210	—	8	5
螯合剂	乙二胺四乙酸二钠(EDTA-2Na)	3	2	2

续表

原料		配比(质量份)		
		1#	2#	3#
表面活性剂	脂肪醇(C_{12}～C_{14})聚氧乙烯醚硫酸钠(AES)	—	—	5
	脂肪醇(C_{12}～C_{16})聚氧乙烯(9)醚(AEO-9)	2	5	—
	氧化胺	5	—	3
	仲烷基磺酸钠	—	7	—
	脂肪醇聚氧乙烯醚硫酸钠	6	—	—
	十二烷基甜菜碱(BS-12)	—	8	4
乙醇		45	35	45
香精		0.5	0.1	0.5
色素	果绿色素(1%水溶液)	—	—	0.2
	柠檬黄色素(1%水溶液)	—	0.1	—
	亮蓝色素(1%水溶液)	0.1	—	—
水		29.9	33.8	29.1

制备方法

(1) 加入计量好的乙醇，然后加入表面活性剂、成膜剂，搅拌使其溶解；

(2) 加入水、氨水、三乙醇胺、螯合剂、香精、色素搅拌使之溶解。

(3) 用300目滤网过滤后包装。

原料介绍 所述成膜剂选自Surf-s110、Surf-s210中的至少一种。

所述表面活性剂选自脂肪醇聚氧乙烯醚硫酸钠、仲烷基磺酸钠、脂肪醇聚氧乙烯醚、十二烷基甜菜碱（BS-12)、氧化胺中的至少一种。

所述螯合剂选自乙二胺四乙酸、乙二胺四乙酸钠盐中的至少一种。

所述本品的玻璃清洁剂可以根据需要加入常用的一些辅助成分，例如香精或香料、色素等。

脂肪醇聚氧乙烯（9）醚（AEO-9)、氧化胺、脂肪醇聚氧乙烯醚硫酸钠为表面活性剂，乙醇为溶剂，Surf-s110为成膜剂，购自广东新图精细化工有限公司，乙二胺四乙酸二钠（EDTA-2Na）为螯合剂。

产品应用 本品是一种浓缩型防雾玻璃清洁剂。

产品特性 本品在玻璃表面形成一种更薄且均匀的水膜，使干燥更快速，表面光亮，而且没有污点和条纹；通过改变表面电荷来防止污垢附着，多次水洗均有效。本品经稀释50～100倍后，仍能清洁玻璃表面，达到抗再次污染、防雾、快干的效果。

配方11 汽车挡风玻璃清洁剂

原料配比

原料	配比(质量份)					
	1#	2#	3#	4#	5#	6#
椰油酰胺丙基甜菜碱(30%水溶液)	1	2	3	5	1	4
乙二醇丁醚	3	10	7	15	8	11
丙二醇	10	5	13	14	11	12
烷基糖苷(50%水溶液)	2	5	8	9	7	5
对硝基苯甲酸	0.16	1	2.5	2	1	2.5
椰油酰胺丙氧化胺(30%水溶液)	2	1.5	2	2	2	1.5
异丙醇	30	50	40	45	40	35
磷酸三丁酯	0.01	0.01	0.01	0.01	0.01	0.01
水	加至100					
香精	—	适量	适量	适量	适量	适量

制备方法 先将上述原料分别溶解，再将溶解后的原料混合搅拌均匀，加入余量的水，搅拌均匀，即得汽车挡风玻璃清洁剂。

产品应用 本品主要用作汽车挡风玻璃清洁剂，特别是最低使用温度为－40℃的防雾汽车挡风玻璃清洁剂。

产品特性

(1) 不含对人体有害的物质，不污染环境；具有良好的清洁作用，能有效地清除玻璃上的脏物、污垢、条纹，使玻璃明亮干净；良好的材料适应性，防止系统中金属部件的腐蚀，与橡胶、塑料密封件和漆膜有良好的相溶性；具有良好的防冻性。

(2) 本产品为无色透明的液体，最低使用温度－40℃，能够在大部分地区的冬季使用，可清除常见的汽车挡风玻璃上的污垢，且具有一定的防雾效果，所用原料大都为新型表面活性剂，绿色环保，能够很好地降解，能够有效降低对环境的污染，具有芳香的气味。

配方 12 汽车挡风玻璃清洗剂

原料配比

原料	配比(质量份)					
	1#	2#	3#	4#	5#	6#
甲醇	—	10	30	45	5	—
乙醇	45	30	20	—	—	10
异丙醇	5	10	—	5	—	—
乙二醇	1	3	8	10	1	1
十二烷基二甲基苄基氯化铵	0.9	0.5	0.1	0.05	0.01	0.005
月桂基三甲基氯化铵	0.005	—	0.05	—	0.5	—
甲基二乙基聚丙氧基氯化铵	—	0.01	—	0.1	—	0.9
脂肪醇聚氧乙烯(9)醚	—	0.5	0.1	0.05	—	—
壬基酚聚氧乙烯(10)醚	0.005	0.01	0.05	0.1	0.5	0.9
月桂酸聚乙二醇(20)酯	0.005	—	0.05	—	0.5	—
环己二胺四乙酸二钠	0.005	—	0.05	—	0.5	—
乙二胺四乙酸二钠	0.9	0.5	0.1	0.05	0.01	0.005
柠檬酸钠	—	0.01	—	0.1	—	0.9
复合缓蚀剂	3	2	1	3	2	1
着色剂	0.0005	0.0005	0.0005	0.0005	0.0005	0.0005
水	加至100					

制备方法 按照上述配比，取一元醇、乙二醇、水投入反应釜中，在常温下搅拌10min，然后再取阳离子表面活性剂、非离子表面活性剂、络合剂和复合缓蚀剂依次加入反应釜中，搅拌30min后，加入着色剂直至完全溶解即可。

原料介绍 所述一元醇为甲醇、乙醇、异丙醇中的一种或几种的混合物，其主要功能是降低冰点，且以乙醇毒性小、无臭味而首选。

本品中的乙二醇，一方面与一元醇配合降低冰点。另一方面，其黏度较一元醇大、挥发性小，加入后可以保持清洗剂在汽车挡风玻璃上的停留时间而加强洗涤效果。同时，可以减小雨刮刷与玻璃之间的摩擦。

所述阳离子表面活性剂为十二烷基二甲基苄基氯化铵、月桂基三甲基氯化铵和甲基二乙基聚丙氧基氯化铵中的至少一种。其主要功能是消除挡风玻璃与空气摩擦产生的静电，同时起到杀菌防腐作用。并与选择的非离子表面活性剂复配，具有润湿和去污作用。以十二烷基二甲基苄基氯化铵为首选。

所述非离子表面活性剂为脂肪醇聚氧乙烯（9）醚、壬基酚聚氧乙烯（10）醚和月桂酸聚乙二醇（20）酯中的至少一种。其主要是作为润湿剂和乳化剂起去污作用，同时具有低泡的特点。以壬基酚聚氧乙烯（10）醚为首选。

所述络合剂为邻环已二胺四乙酸二钠、乙二胺四乙酸二钠和柠檬酸钠中的至少一种。加入本品产品中，一方面通过络合作用去除玻璃表面无机型污垢，同时，可以与系统水中的钙、镁络合，减少水垢产生，防止汽车洗涤系统堵塞。以乙二胺四乙酸二钠为首选。

所述复合缓蚀剂为甲基苯并三氮唑、硝酸钠、磷酸三钠、三乙醇胺、钼酸钠、苯甲酸钠、癸二酸钠组成的混合物。用以有效保护汽车洗涤系统的水泵及管路不受腐蚀，同时保证清洗剂喷出后残留在汽车其他部位也不腐蚀。

所述汽车挡风玻璃清洗剂，其特征在于所述的着色剂为溴甲酚绿和/或溴百里香酚蓝。其作用是便于识别和维修时检漏。

产品应用 本品主要应用于汽车挡风玻璃清洗。

产品特性 采用本品配方的汽车挡风玻璃清洗剂含有的表面活性剂具有润湿、渗透、增溶等功能，从而有很好的清洗去污作用。酒精、乙二醇等有机溶剂的存在，能显著降低液体的冰点，从而起到防冻的作用，能很快溶解冰霜。在玻璃表面会形成一层单分子保护层，这层保护膜能防止形成雾滴，保证挡风玻璃清澈透明，视野清晰。吸附在玻璃表面的阳离子表面活性剂，能消除玻璃表面的电荷，具有抗静电性能。含有的乙二醇，黏度较大，可以起润滑作用，减少雨刷器与玻璃之间的摩擦，防止产生划痕。含有的复合缓蚀剂，对汽车挡风玻璃清洗系统接触的各种金属有良好的保护作用。本品能够有效保护接触的汽车各部件，使用安全可靠。

配方 13 汽车玻璃清洗剂

原料配比

原　料	配比(质量份)	
	1#	2#
十二烷基硫酸钠	3	6
烷基琥珀酸酯磺酸钠	3	1
乙二醇	5	15
乙二胺四乙酸二钠盐	2	1

续表

原料	配比(质量份)	
	1#	2#
乙酸戊酯	2	1
磷酸三钠	8	58
水	200	180

制备方法 常温下逐一添加上述质量份的原料搅拌至均匀透明即可。

产品应用 本品主要应用于汽车挡风玻璃清洗。

产品特性 本品中添加表面活性剂，大大降低了各相界面的张力，提高了清洗剂的清洗及乳化效果，是一种低泡的清洗剂。

汽车挡风玻璃清洗剂中添加的乙醇与表面活性剂及多元醇有很好的复配效果，且无毒无污染。

本品具有清洁效果佳，无毒、环保，能延缓雨刮器橡胶老化和保护汽车挡风玻璃等特点。

配方 14 汽车风窗洗涤液

原料配比

原料	配比(质量份)	
	1#	2#
甲醇	420	270
苯并三氮唑	1	0.7
水	200	200
十二烷基多聚糖苷	2	1
十二烷基聚氧丙烯醚硫酸钠	1	0.8
酸性绿	0.01	0.08

制备方法 在反应釜中加入甲醇，加入预先溶解的苯并三氮唑，搅拌1h后，加入水，搅拌30min后再加入预先用少量水溶解的十二烷基多聚糖苷和十二烷基聚氧丙烯醚硫酸钠和酸性绿，并打入其余的水充分搅拌1h，溶解后得到的汽车风窗洗涤液可通过0.1～0.5μm过滤器过滤分装。

产品应用 本品主要应用于汽车风窗洗涤。

产品特性 本品采用甲醇作为主要溶剂，其水溶液能够在车窗表面迅速蒸发，无残留。通过使用脂肪醇聚氧丙烯醚硫酸钠和烷基多聚糖苷可以彻底解决风窗表面的去虫胶和清洁去污问题。添加新型无刺激的植物源绿色表面活性剂烷基多聚糖苷，该汽车风窗洗涤液产品具备了优异的防止清洗系统金属被氧化和被酸侵蚀的功能，有效消除了使用其他表面活性剂带来的不良影响，保护清洗系统管路的各种金属部件。烷基多聚糖苷和汽车清洗系统所使用的塑料、橡胶等零部件具有优异的相溶性，具有通用风窗洗涤液所不具备的极低的表面张力，能够有效清洁风窗玻璃表面的污垢和其他有机杂质，消除油膜所造成的反光，给行车安全带来良好的保证。

配方 15 玻璃器皿清洗剂

原料配比

原料			配比(质量份)							
			1#	2#	3#	4#	5#	6#	7#	8#
磷酸盐		三聚磷酸钠	10	—	—	—	—	—	—	—
		三聚磷酸钾	—	—	—	—	7	—	9	9
		三偏磷酸钠	—	—	—	—	—	9	—	—
		磷酸三钠	—	6	—	—	—	—	—	—
		磷酸氢二钾	—	—	6	6	—	—	—	—
表面活性剂		脂肪醇聚氧乙烯(20)醚	5	—	—	—	—	—	—	—
		脂肪醇聚氧乙烯(40)醚	—	5	—	—	—	—	—	—
		脂肪醇聚氧乙烯(30)醚	—	—	5	5	—	—	—	—
		蓖麻油聚氧乙烯(10)醚	—	—	—	—	6	—	—	—
		蓖麻油聚氧乙烯(20)醚	—	—	—	—	—	5	—	—
		蓖麻油聚氧乙烯(30)醚	—	—	—	—	—	—	5	5
pH 调节剂	无机碱	氢氧化钾	1	—	—	—	—	—	—	—
		碳酸氢钾	—	1	—	—	—	—	—	—
		碳酸氢钠	—	—	—	—	—	0.5	—	—
		氢氧化钠	—	—	2	2	—	—	—	—
	有机碱 多羟多胺	三乙醇胺	—	—	—	—	2	—	—	—
		四羟基乙二胺	—	—	—	—	—	—	2	2
水			加至 100							

制备方法 按照配比称取磷酸盐、表面活性剂、pH 调节剂以及水，在室温下依次将磷酸盐、表面活性剂、pH 值调节剂加入水中，搅拌混合均匀，成为清洗剂成品。

原料介绍 所述磷酸盐是三聚磷酸钠、三聚磷酸钾、焦磷酸钠、焦磷酸钾、磷酸三钠、磷酸三钾、三偏磷酸钠、三偏磷酸钾、磷酸二氢钠、磷酸二氢钾、磷酸氢二钠或磷酸氢二钾。

所述表面活性剂是非离子型表面活性剂。

所述非离子型表面活性剂是脂肪醇聚氧乙烯醚、烷基酚聚氧乙烯醚、蓖麻油聚氧乙烯醚、脂肪酸聚氧乙烯酯、聚乙二醇或磷酸酯。

所述脂肪醇聚氧乙烯醚是脂肪醇聚氧乙烯（3）醚、脂肪醇聚氧乙烯（5）醚、脂肪醇聚氧乙烯（7）醚、脂肪醇聚氧乙烯（9）醚、脂肪醇聚氧乙烯（10）醚、脂肪醇聚氧乙烯（15）醚、脂肪醇聚氧乙烯（20）醚、脂肪醇聚氧乙烯（25）醚、脂肪醇聚氧乙烯（30）醚或脂肪醇聚氧乙烯（40）醚；所述烷基酚聚氧乙烯醚是烷基酚聚氧乙烯（6）醚、烷基酚聚氧乙烯（8）醚、烷基酚聚氧乙烯（10）醚。所述蓖麻油聚氧乙烯醚是蓖麻油聚氧乙烯（10）醚、蓖麻油聚氧乙烯（20）醚、蓖麻油聚氧乙烯（30）醚、蓖麻油聚氧乙烯（40）醚。所述脂肪酸聚氧乙烯酯是脂肪酸聚氧乙烯（4）酯、脂肪酸聚氧乙烯（5）酯、脂肪酸聚氧乙烯（6）酯、脂肪酸聚氧乙烯（10）酯。聚乙二醇是聚合度为200的聚乙二醇、聚合度为400的聚乙二醇、聚合度为600的聚乙二醇、聚合度为800的聚乙二醇、聚合度为1500的聚乙二醇。磷酸酯是指聚合度为3的磷酸酯、聚合度为9的磷酸酯、聚合度为10的磷酸酯或辛基磷酸酯。

所述pH调节剂是有机碱和无机碱中的一种或其组合。

所述无机碱是氢氧化钠、氢氧化钾、碳酸钠、碳酸钾、碳酸氢钠或碳酸氢钾。

所述有机碱是多羟多胺或胺。

所述多羟多胺是三乙醇胺、四羟基乙二胺或六羟基丙基丙二胺；所述胺为乙二胺、四甲基氢氧化铵、三甲基胺、二甲基胺、二甲基乙酰胺或者三甲基乙酰胺。

脂肪醇聚氧乙烯醚中脂肪醇的碳原子数为12～18；烷基酚聚氧乙烯醚中烷基的碳原子数为8～10。

产品应用 本品是一种水基型的玻璃器皿清洗剂。

产品特性 本品配方科学合理，生产工艺简单，不需要特殊设备，仅需要将上述原料在室温下进行混合即可；清洗能力强，清洗时间短，节省人力和工时，提高工作效率，并能够防止实验室玻璃器皿表面再次形成污渍；本清洗剂呈碱性，对设备的腐蚀性较低，使用安全可靠，并利于降低设备成本。另外，本清洗剂为水溶性液体，不含有对人体有害的物质，清洗后的废液便于处理排放，符合环境保护要求。

配方 16 手机玻璃镜片清洗剂

原料配比

原料	配比(质量份)		
	1#	2#	3#
乙二醇	10	5	—
三乙醇胺	3	—	—
壬基酚聚氧乙烯醚	3	2	—
AEO-7	—	3	12
AEO-9	3	—	—
正硅酸钠	12	—	—
磷酸三丁酯	1	—	—
水	68	70	57
苯甲酸钠	—	2	—
碳酸氢钠	—	15	—
油酸	—	3	—
乙醇	—	—	8
苯并三氮唑	—	—	5
辛基酚聚氧乙烯醚	—	—	8
六偏磷酸钠	—	—	5
油酸钠	—	—	5

制备方法 将各组分混合均匀即可。

原料介绍 所述缓蚀剂为苯甲酸钠、苯甲酸铵、三乙醇胺、乙醇胺或苯并三氮唑。

所述表面活性剂为烷基酚聚氧乙烯醚和脂肪醇聚氧乙烯醚中的一种或多种。

所述无机盐为碱性盐，所述的消泡剂为磷酸三丁酯、有机硅、油酸、油酸钠。

所述烷基酚聚氧乙烯醚为壬基酚聚氧乙烯醚或辛基酚聚氧乙烯醚。

所述脂肪醇聚氧乙烯醚是 AEO-3、AEO-7 或 AEO-9。

所述碱性盐为苛性钠、碳酸钠、碳酸氢钠、正硅酸钠、偏硅酸钠、六偏磷酸钠或三聚磷酸钠。

产品应用 本品是一种手机玻璃镜片清洗剂。

产品特性 本品选用混合溶剂的配制方法，将有机溶剂、缓蚀剂、表面活性剂、无机盐、消泡剂和水混合得到手机玻璃镜片清洗剂。由于互相影响的结果，液体的溶解能力得到很大提高，使溶剂的优点得到最大限度的发挥。本品使用的有机溶剂主要是醇类溶剂，但由于是混溶，就避免了有机溶剂闪点低的缺点，此清洗剂不可燃。本品中选用缓蚀剂，不但增强了皂化反应的能力，还能够提高清洗剂均匀腐蚀的性质，并减少金属离子的引入。本品中加入了特选的活性剂，能够降低液体的表面张力，增强液体的渗透性，具有很好的脱脂能力及乳化作用，同时可以起到清洗和去污作用。本品选用的表面活性剂和渗透剂具有水溶性好、渗透力强、无污染等优点。本品选用的化学试剂，不污染环境，不易燃烧，对人体无害，属于非破坏臭氧层物质，满足环保要求，可以替代目前仍在使用的氟利昂清洗剂和卤代烃溶剂和强碱性清洗剂。

配方 17　透镜用清洗剂

原料配比

原料		配比(质量份)							
		1#	2#	3#	4#	5#	6#	7#	8#
清洗剂		20	20	20	20	20	20	20	20
饱和烷烃	十一碳烷	—	—	—	—	—	70	—	—
	十二碳烷	—	—	—	—	—	—	70	70
	壬烷	—	—	—	—	70	—	—	—
	癸烷	80	80	70	70	—	—	—	—
渗透调节剂	乙二醇丁醚	—	15	10	10	10	10	10	10
	乙二醇乙醚	10	—	10	10	10	10	10	10
润湿剂	无水乙醇	10	—	—	—	—	—	—	—
	无水丙醇	—	—	10	10	—	—	—	—
	无水异丙醇	—	—	—	—	10	10	10	10

制备方法　按照上述比例称取饱和烷烃、渗透调节剂、润湿剂，在室温下依次将渗透调节剂、润湿剂加入饱和烷烃中，搅拌混合均匀，成为清洗剂成品。

原料介绍　所述饱和烷烃是壬烷、癸烷、十一碳烷、十二碳烷、十三碳烷或十四碳烷。

所述渗透调节剂是乙二醇醚类化合物。

所述乙二醇醚类化合物是乙二醇乙醚和乙二醇丁醚的一种或它们的组合。

所述润湿剂是低分子醇类化合物，为乙醇、异丙醇或甲醇。

产品应用　本品是一种溶剂型的透镜用清洗剂。

产品特性

(1) 清洗剂中的饱和烷烃，能提高对油脂类污物的溶解度，且清洗后洁净度持久性强；

(2) 清洗剂中渗透调节剂能降低其表面张力，增强清洗剂的渗透性，加强清洗效果；

(3) 清洗剂中的润湿剂对离子类污染物有很好的溶解能力，干燥快，无腐蚀性；

(4) 本清洗剂的 pH 值在 6～7，基本为中性液体，对设备无腐蚀性，使用安全可靠；

(5) 生产工艺简单，不需要特殊设备，仅需要将上述原料在室温下进行混合即可；

(6) 其清洗能力强，具有很强的除油功效，清洗时间短，节省人力和工时；

(7) 用该清洗剂清洗后的废液便于处理排放，符合环境保护要求。

配方 18 无磷环保清洗剂

原料配比

原　　料		配比(质量份)
A	柠檬酸钠	3
	葡萄糖酸钠	2
	氢氧化钠	4
	硅酸钠	3
	碳酸钠	1
B	脂肪醇聚氧乙烯醚(AEO-9)	3
	辛基酚聚氧乙烯醚(OP-10)	4
	三乙醇胺	3
水		40～50

制备方法

(1) A 组：柠檬酸钠 3 份、葡萄糖酸钠 2 份、氢氧化钠 4 份、硅酸钠 3 份、碳酸钠 1 份原料混匀后，加水 30 份使其溶解备用。

(2) B 组：脂肪醇聚氧乙烯醚（AEO-9）3 份、辛基酚聚氧乙烯醚（OP-10）4 份、三乙醇胺 3 份原料混匀后，再将 A 的备用液少量逐步加入 B 组，一边加一边搅动，直到把 A 组的备用液加完，搅拌 30min。

(3) 向混合好的混合液中继续加水 40～50 份至所需浓度为止，得到总量为 100 份的清洗剂。

产品应用 本品主要应用于无磷环保清洗。可以用于光学玻璃、触摸屏、塑料、亚克力、橡胶、不锈钢，钢铁、陶瓷、地面、机台、布料等上的重油污、重垢、手指印、油墨的清洗。可兑水使用，稀释浓度5%～20%。

产品特性 本品无毒、无害、不燃不爆不挥发、无气味、不含磷。另外由于其含有柠檬酸钠，能减轻污水排放的压力，不会对水藻类提供富养成分，同时又提高了它的清洗效果。

配方19 用于镜片、镜头、镜面的清洁剂

原料配比

原料		配比								
		1#	2#	3#	4#	5#	6#	7#	8#	9#
75%的医用乙醇/mL		100	100	100	100	100	100	100	100	100
纤维素醚衍生物	甲基羟丙基纤维素钠/g	—	—	—	—	—	—	30	—	—
	羟甲基纤维素钠/g	10	—	—	—	—	30	—	—	—
	羟乙基纤维素钠/g	—	—	—	—	—	—	—	20	—
	羟丙基纤维素钠/g	—	—	—	—	—	—	—	—	25
纤维素醚	甲基纤维素/g	—	12	—	—	15	—	—	—	—
	乙基纤维素/g	—	—	15	13	—	—	—	—	—
香精/mL		—	0.3	—	—	—	0.4	—	0.1	0.8
水/mL		—	—	—	300	100	50	500	200	5
食用靛蓝/mL		—	—	—	—	—	—	0.4	0.8	0.1

制备方法 将乙醇、纤维素醚及其衍生物、水、香精和色素放置在容器内充分搅拌，成为混合均匀的胶状物，装入前端有挤出开口的膏袋体内。

原料介绍 上述适用于镜片、镜头、镜面的清洁剂，所述组成中加入水≤500mL。

所述的纤维素醚为甲基纤维素、乙基纤维素，纤维素醚衍生物为甲基羟丙基纤维素钠、羟甲基纤维素纳、羟乙基纤维素钠、羟丙基纤维素钠。

上述清洁剂组成中还可以添加色素和香精，用量均为0.1～0.8mL。

所述香精可以采用柠檬香型、香草香型、薄荷香型等多种香型。

产品应用 本品是一种清洁镜片、镜头、镜面和其他仪器、设备光洁面的清洁剂。

产品特性

(1) 本清洁剂为胶体状物，具有去污力强、清洁效果好的优点，各种顽固污渍可以被有效清除，所擦拭的镜面光洁、明亮。

(2) 适用范围广，各种不适合用清水、酒精等流体擦拭的镜头、镜面都可使用。

(3) 本制剂装入前端有挤出开口的膏袋体内携带方便，同时使用时不会流淌，使用者可以在被擦拭物体处于各种位置和姿态下挤出膏体，进行擦拭，给使用者提供了极大的便利。

(4) 产品制作工艺简单、成本低廉、价格便宜，适用于广泛推广使用。

六、卫生间洗涤剂

配方1 厕所消毒清洁剂

原料配比

原 料		配比(质量份)
A	C_{13}～C_{17} 仲烷基磺酸钠(30%)	15
	C_{11} 合成醇聚氧乙烯醚	3.0
	单水柠檬酸	15
B	水	67
C	燃料、香精	适量

制备方法

(1) 首先把A组分的各种原料进行充分混合溶解搅拌得到A溶液；

(2) 然后把A溶液溶解在B组分当中进行充分搅拌得到B溶液；

(3) 最后把C组分中的原料溶解在B溶液当中进行搅拌、静置得到本品所涉及的厕所消毒清洁剂。

产品应用 本品是一种对厕所进行清洗、除味、消毒的多功能厕所消毒清洁剂。

产品特性

(1) 不含强酸，使用安全可靠；

(2) 功能齐全，可以对厕所进行清洗、除味、消毒等；

(3) 缓溶性能优越，清洗速度快；

(4) 原材料种类少，制作工艺简单。

配方2 抽水马桶清洁剂

原料配比

原 料		配比(质量份)			
		1#	2#	3#	4#
尿素		26	20	38	42
甲醛		14	11	22	28
非离子表面活性剂	山梨醇	—	10	5	—
	季戊四醇	6	—	—	3

续表

原料		配比(质量份)			
		1#	2#	3#	4#
阴离子表面活性剂(除垢剂)	脂肪醇磺酸盐	10	—	10	—
	高级醇硫酸酯	—	—	—	5
除臭剂	硫酸铜	5	—	—	—
	聚氧乙烯烷基醚	—	—	6	—
	乙酰丙酮	—	8	—	—
	氯化锌	—	—	—	5
杀菌剂	苯甲酸	10	—	4	—
	二氯萘酯	—	8	—	—
	氨基苯磺酸	—	—	—	2
黏结剂	糊精	5	—	—	—
	聚乙烯二醇	—	—	2	—
稀释剂或有机溶剂	乙醇	10	—	5	—
	乙二醇	—	3	—	2
催化剂	催化剂	5	—	—	—
	对甲苯磺酸	—	5	—	—
	柠檬酸	—	—	3	—
	硫酸铝	—	—	—	6
香料	玫瑰香精	3	4	—	2
	樟脑油	—	—	2	—
着色剂	酸性蓝色染料	6	5	—	—
	活性蓝	—	—	3	—
	酸性靛蓝	—	—	—	2
聚乙二醇		—	6	—	—
烷基磺酸盐		—	20	—	—
硫酸钠		—	—	—	3

制备方法

(1) 先将甲醛用三乙醇胺中和到 pH 值为 8～9，之后加入尿素，加热到尿素全溶，一般控制温度为 40～80℃，时间为 10～50min，尿素与甲醛的比例控制在 (2∶1)～(2.5∶1)，在此比例范围内，固化速度快，性能稳定，易于释放活性组分。

(2) 根据要求量将准备好的活性组分和尿素溶液混合，并加入选定的催化剂，在不断搅拌下，使其迅速聚合固化，当温度降至50℃以下时加入选定的香料。搅拌均匀，即可得到带有香味的抽水马桶清洁剂。

(3) 将完全固化的材料装入模具，用液压机压型成块。对药块的压强为0.6～2MPa，模具的直径可随固体块的大小而变化，一次可用多个模具同时压型，以提高生产率，最后进行包装。

原料介绍 所述非离子表面活性剂为甘油、季戊四醇、山梨醇、平平加等。

所述阴离子表面活性剂（除垢剂）可选用烷基芳基磺酸盐、脂肪醇磺酸盐、烯烃硫酸酯盐、高级醇硫酸酯盐等。

所述除臭剂可选用聚氧乙烯烷基醚、对位二氯苯、乙酰丙酮、氧化锌、硫酸铜、低级脂肪胺的盐酸盐等。

所述杀菌剂可选用硫酸铜、代森锌、三氯酚铜、二氯苯酯、氨基苯磺酸、苯甲酸、水杨酰苯胺等。

所述黏结剂可选择糊精、聚乙二醇、硅酸钠等。

所述稀释剂或有机溶剂可选用乙醇、丙烯乙二醇、已烯乙二醇及乙二醇等。

所述催化剂可选用无机酸、有机酸及酸性盐等。诸如盐酸、硫酸、甲酸、乙酸、柠檬酸、水杨酸、对甲苯磺酸、硫酸铝等。

所述着色剂必须能溶于水而不加任何助剂，可选用酸性蓝色染料。如活性蓝、酸性靛蓝等。

所述香料可选用丁香、玫瑰、桂花香精，玫瑰香熏，雪松油，樟脑油，肉桂油，白檀油，柠檬油，天竺葵油，香草香料等。这些香料可以单用，也可以两种混用。

产品应用 本品主要属于一种抽水马桶清洁剂，适用于宾馆、饭店、医院及家庭，以改善生活和工作环境。

产品特性 用液压机压制成块剂，可直接投入抽水马桶的水箱中，可自动地起到除臭、除垢、杀菌、消毒等作用；使用寿命长，一块重40～45g的块剂，可使用1个月以上。本品生产工艺简单、成本低。

配方3 缓溶型块状清洁剂

原料配比

原料		配比(质量份)							
		1#	2#	3#	4#	5#	6#	7#	8#
表面活性剂	烷基苯磺酸钠	22	—	—	—	—	—	25	—
	α-烯基磺酸钠	—	—	30	—	23.5	—	—	—
	脂肪酸钠	—	—	—	42	—	30	—	—
	脂肪酸甲酯磺酸钠	—	32	—	—	—	—	—	22
	烷基硫酸钠	—	8	—	—	8.5	6	—	10

续表

原料			配比(质量份)							
			1#	2#	3#	4#	5#	6#	7#	8#
平平加 O-25			—	—	—	6	—	6	—	8
油基单乙醇酰胺			—	—	8	6	—	—	12.7	6.4
缓溶赋形剂	聚乙二醇-6000		18	20	—	8	—	14	—	—
	聚丙烯酸钠		—	—	9	—	—	—	14	—
	刺槐豆胶		14	—	—	—	11	—	—	—
月桂酸聚乙二醇酯			—	—	12	—	6	—	—	12
羟丙基甲基纤维素钠			—	—	7.2	—	9	—	10	—
硬脂酸镁			—	—	—	—	2.5	1	1.5	—
压片助剂	滑石粉		—	—	—	—	—	2	1	1.5
	石蜡		—	4	—	—	—	3	—	—
	预胶化淀粉		8	—	—	—	—	—	—	2
	微粉硅胶		—	—	—	—	1.5	—	1.2	—
	硼酸		3	—	—	—	—	6.8	—	3
	苯甲酸钠		5	—	—	—	6.5	—	7	4.5
氯化钠			—	28	22	—	—	26	—	27
对氯苯酚			—	2.5	2.5	2.5	—	—	—	—
助剂	填料	硫酸钠	24	—	—	26.5	26.5	—	24	—
	染料		3.5	3.5	3.5	3.5	3.5	3.5	3.5	3.5
	香精		0.1	0.1	0.1	0.1	0.1	0.1	0.1	0.1

制备方法 将各组分进行预处理（包括粉碎过筛和干燥脱水），将干粉原料混合，混合原料直接压片，脱模。

原料介绍 所述表面活性剂优选烷基硫酸盐、烷基磺酸盐、烷基苯磺酸盐、α-烯基磺酸盐、脂肪酸甲酯磺酸盐、脂肪酸盐、脂肪醇聚氧乙烯醚及其衍生物、脂肪酸烷醇酰胺及其衍生物、环氧聚醚、萘基磺酸盐、烷基酚聚氧乙烯醚和蔗糖脂肪酸酯中的一种或两种以上的混合物。

所述缓溶赋形剂优选淀粉及其衍生物、糊精、阿拉伯树胶、明胶、黄原胶、刺槐豆胶及其衍生物、瓜尔胶及其衍生物、黄蓍胶、海藻胶、聚乙烯醇、分子量6000或6000以上的聚乙二醇、碳原子数为12或以上的羧酸聚乙二醇酯、丙烯酸及其衍生物的均聚物、丙烯酸和马来酸的共聚物、丙烯酸和马来酸酐的共聚物、聚丙烯酰胺、聚乙烯吡咯烷酮、壳聚糖及其衍生物、纤维素的衍生物、硅酸盐、膨润土、水溶性脲醛树脂、水溶性酚醛树脂和水溶性松香树脂中的一种或几种混合物。

所述压片助剂优选预胶化淀粉、滑石粉、苯甲酸钠、微粉硅胶、糊精、氢化植物油、微晶纤维、石蜡及其衍生物、蔗糖及其衍生物、碳酸盐、葡萄糖酸盐、氢氧化铝、乙酸盐、硼酸和硼砂中的一种或几种混合物。添加压片助剂的用量为缓溶型块状清洁剂总质量的0.2%～20%，优选2%～15%。

所述助剂优选杀菌防腐剂、香精、染料或填料。

所述填料是硫酸盐、磷酸盐、碳酸盐、硼酸盐、乙酸盐、脂肪酸盐、淀粉及其衍生物、金属氧化物、氯化物、石膏、黏土、蒙脱土等矿物质。

产品应用 本品主要用作抽水马桶的缓释清洁剂。

产品特性 本品外观干爽光滑，方便使用，不易沾染。

配方4 加香的黏稠型酸性厕盆清洁剂

原料配比

原料		配比(质量份)		
		1#	2#	3#
无机酸	盐酸	4	5	6
有机酸	草酸	—	—	2
	柠檬酸	—	2	—
脂肪胺聚氧乙烯醚	十八胺聚氧乙烯(2)醚	—	2.5	1.0
	油胺聚氧乙烯(2)醚	3.5	—	2.0
香精		0.2	0.3	0.3
表面活性剂	脂肪醇聚氧乙烯(7)醚	—	2	—
	脂肪醇聚氧乙烯(9)醚	2	—	2
色素		0.004	0.004	0.004
水		加至100		

制备方法

(1) 常温下取脂肪醇聚氧乙烯醚0.1%～8%在搅拌下缓缓加入计量的水中，完全溶解后，加入表面活性剂脂肪胺聚氧乙烯醚1%～6%，搅拌直至均匀分散。

(2) 缓缓加入无机酸或无机酸与有机酸的混合酸2%～20%，搅拌至物料黏稠、透明。

(3) 加入香精0.05%～1.5%、色素0.0001%～0.5%，继续搅拌至物料全部溶解均匀，出料灌装。

原料介绍 所述无机酸是盐酸，有机酸是草酸、柠檬酸、羟基乙酸中的一种或几种。无机酸和有机酸的混合物为所述无机酸和有机酸中的任意一种或多种混合物。

所述脂肪胺聚氧乙烯醚包括椰油胺聚氧乙烯醚、油胺聚氧乙烯醚、十八胺聚氧乙烯醚、双氢化牛脂胺聚氧乙烯醚系列中的一种或多种混合物。优选：油胺聚氧乙烯（2）醚、十八胺聚氧乙烯（2）醚。

所述表面活性剂为脂肪醇聚氧乙烯醚系列，如脂肪醇聚氧乙烯（9）醚、脂肪醇聚氧乙烯（7）醚或脂肪醇聚氧乙烯（3）醚中的一种或多种混合物。

产品应用 本品是一种加香的黏稠型酸性厕盆清洁剂。

产品特性 本厕盆清洁剂黏稠、透明，气味芳香，可延长在厕盆表面尤其是垂直表面的附着时间，防止清洗剂流挂过快，彻底去除顽固污渍。由于使用可生物降解的增稠剂、表面活性剂作为主要组分，因此本品是可生物降解的产品。

配方 5 洁厕膏

原料配比

原料	配比(质量份)			
	1#	2#	3#	4#
盐酸	12	14	15	17
二氧化硅(粒度 5～40nm)	8	8.3	16.5	18
两性离子型聚丙烯酰胺	0.1	0.15	0.15	0.2
壬基酚聚氧乙烯醚	1	1.2	1.4	1.5
氯化钠	8	8.5	8.5	9
水	加至 100			

制备方法 按配比将两性离子型聚丙烯酰胺溶解于水中；加入盐酸搅拌均匀，然后缓慢加入增稠剂，边加入边搅拌 1～2h，最后加入壬基酚聚氧乙烯醚和氯化钠，搅拌 2～3h。

产品应用 本品用于清洁厕所污垢。

产品特性 本产品具有附着力强、不流失、不飞溅、用量少、除垢快等优点。本品与水接触后，不会马上被水溶解，能在 5min 内保持其独立性，以此能确保其高浓度除垢反应，对于一般家庭每次只需 5～10g，用量很少且使用非常方便。

配方 6 酸性浴室清洁剂

原料配比

原料		配比(质量份)		
		1#	2#	3#
非离子表面活性剂	壬基酚聚氧乙烯(10)醚	10	10	—
	壬基酚聚氧乙烯(4)醚	—	5	—
	脂肪醇聚氧乙烯(7)醚	—	5	12
	脂肪醇聚氧乙烯(3)醚	—	—	1

续表

原　料		配比(质量份)		
		1#	2#	3#
阴离子表面活性剂	直链十二烷基苯磺酸	0.5	5.5	1
	仲烷基磺酸钠	—	—	3
氨基磺酸		8	—	5
甲基磺酸		2	5	5
硫脲		0.3	0.8	1
柠檬酸		1	0.5	1
双氧水		2	15	8
色素		0.001	0.001	0.001
香精		0.1	0.1	0.1
水		76.099	53.099	62.899

制备方法

(1) 将非离子表面活性剂、阴离子表面活性剂、甲基磺酸、硫脲、双氧水、氨基磺酸、香精、色素、柠檬酸、水按上述配比混合均匀常温搅拌，直至物料完全溶解。

(2) 用300目滤网过滤包装。

原料介绍 所述非离子表面活性剂优选为壬基酚聚氧乙烯(10)醚、壬基酚聚氧乙烯(4)醚、脂肪醇聚氧乙烯(7)醚、脂肪醇聚氧乙烯(3)醚。

所述阴离子表面活性剂优选直链十二烷基苯磺酸及仲烷基磺酸钠。

产品应用 本品是一种浴室清洁剂。可用于洗手盆、浴盆、脸盆的清洁除污，可去除硬水膜、残留的人体油脂、游离的脂肪酸皂垢和霉菌，也可用于水槽、厕所瓷砖、地面的清洗、除渍与去味，有一定的消毒、杀菌作用，对人体无害，可恢复瓷器表面光洁。

产品特性

(1) 本产品为酸性，能够有效清除浴室中的皂垢和硬水沉积物。所选用的表面活性剂壬基酚聚氧乙烯醚、直链十二烷基苯磺酸均为耐酸性很好的表面活性剂。

(2) 本产品中加入酸性杀菌剂双氧水，既达到了消毒杀菌效果，又与酸性体系共存，减缓了有效氧的释放速度，大大增长了产品的货架寿命。

(3) 本产品加入了酸性缓蚀剂硫脲，大大降低了酸性体系对瓷器、金属表面的腐蚀，有利于保护浴室内设施的硬表面，可令被清洁表面光洁如新。

(4) 本品加入了甲基磺酸，它是一种强的有机酸，具有以下突出优点：无气味，无氧化性，盐溶解能力强，热稳定性好，生物降解，容易操作等。

(5) 本产品还具有一定的流挂性，所用非离子表面活性剂壬基酚聚氧乙烯(10) 醚和阴离子表面活性剂直链十二烷基苯磺酸按一定的比例复配，既达到一定的增稠作用，又具有很好的去污效果，节省了酸性增稠剂的用量，大大降低了原料成本，具有较高的性价比。

配方 7 卫生间除臭除味消毒清洗液

原料配比

原料	配比(质量份)		
	1#	2#	3#
硼酸	18	25	20
液态皂	16	8	14
无水硼砂	15	19	17
二氯异氰尿酸钠	14	12	13
三聚磷酸钠	6	10	8
无水磺酸钠	10	5	7.4
羧甲基纤维素	0.5	1	0.6
十二烷基苯磺酸铵	0.5	1	0.7
碳酸铵	6	9	8
过氧化氢	13	8	10
香料	0.5	1	0.7

制备方法

(1) 按上述比例取硼酸、液态皂、无水硼砂、二氯异氰尿酸钠、三聚磷酸钠、无水磺酸钠、羧甲基纤维素、十二烷基苯磺酸铵、碳酸铵、过氧化氢一起，放入搅拌机中搅拌 60min；

(2) 然后加入香料，再搅拌 45min 后取出，用成型压片机 100g 装量，压片成型，用塑料袋或塑料盒包装，即成合格的产品。

产品应用 本品是一种卫生间除臭消毒清洗液，应用于家庭、宾馆、医院、机关等处理卫生间。使用时，取一片 100g 除臭消毒清洗片，用水 10000g 将其溶解后即可使用。

产品特性 本品配方中全部采用安全、无毒、无残留的物质，材料易取，配制及制备工艺简单，制备成本低廉，具有良好的除臭、除异味、消毒、杀菌效果，清洗污垢性能好，去污力强。本品配方配伍简单，放入水中溶解后即可方便、快捷地使用，有效期可达 16 天以上。

配方 8 卫生间除臭消毒清洗液

原料配比

原料	配比(质量份)		
	1#	2#	3#
硫酸钠	18	25	20
硫酸氢钠	16	8	14
皂片	15	19	17
氯化钠	14	12	13
硅藻土	6	10	8
润湿剂	10	5	7.4
对甲苯磺酸铵	0.5	1	0.6
氨水	0.5	1	0.7
无水甲苯磺酸钠	6	9	8
三乙醇胺	13	8	10
亚硫酸钠	0.5	1	0.6
香料	0.5	1	0.7

制备方法 取硫酸钠、硫酸氢钠、氯化钠、硅藻土、润湿剂、对甲苯磺酸铵、氨水、无水甲苯磺酸钠、三乙醇胺、亚硫酸钠，一起放入搅拌机中搅拌 70 min，然后加入皂片、香料，再搅拌 50 min 后取出，用成型压片机 100g 装量，压片成型，用塑料袋或塑料盒包装，即成合格的产品。

产品应用 本品主要应用于卫生间除臭消毒清洗。使用时，取一片 100g 除臭消毒清洗片，用水 10000g 将其溶解后即可使用。

产品特性 本品配方中全部采用安全、无毒、无残留的物质，材料易取，配制及制备工艺简单，制备成本低廉，具有良好的除臭、除异味、消毒、杀菌效果，清洗污垢性能好，去污力强。本配方配伍简单，放入水中溶解后即可方便、快捷地使用，有效期可达 16 天以上，是家庭、宾馆、医院、机关等处理卫生间卫生最理想的用品，有效地克服了清洗后仍有异味及控制细菌快速繁殖的缺陷。

配方 9 卫生间瓷砖清洗剂

原料配比

原料	配比(质量份)	原料	配比(质量份)
OP-10	3	次氯酸钠	2
氢氧化钠	1	水	加至 100

制备方法 将各组分依次加入水中，进行充分的搅拌、混合，静置0.5h左右得到卫生间瓷砖清洗剂。

产品应用 本品主应用于卫生间瓷砖清洗。

产品特性

(1) 原材料简单易得，制备工艺简单；

(2) 生产成本低，用途广泛；

(3) 无毒无污染；

(4) 使用效果好，使用后，陶瓷光洁如新。

配方10 卫生洁具抗菌清洁剂

原料配比

原料	配比(质量份)		
	1#	2#	3#
仲烷基磺酸钠SAS60	11.0～12.0	10.0～11.0	11.0～11.5
海洋生物氨基酸盐	3.0～6.0	1.0～5.0	3.0～5.0
油酸酰胺	6.0～10.0	5.0～7.0	6.0～8.0
合成醇聚氧乙烯醚	4.0～5.0	3.0～4.0	4.0～4.5
盐酸	8.0～15.0	10.0～13.0	8.0～12.0
单水柠檬酸	7.0～10.0	5.0～7.0	7.0～8.0
水	加至100		

制备方法

(1) 在变速混合器中缓缓加入海洋生物氨基酸盐搅拌。缓缓加入单水柠檬酸、油酸酰胺并同时搅拌以避免产生大量的气泡。

(2) 按配比加仲烷基磺酸钠SAS60、合成醇聚氧乙烯醚进行乳化反应。

(3) 加入盐酸调节酸碱度。按需加入香精和染料。

产品应用 本品是一种专业卫生洁具抗菌清洁剂，可用于卫生间和便盆及瓷砖、墙面的污垢去除和消毒。

产品特性

(1) 抗菌去污效果显著。

(2) 无毒、无色、无味、无刺激、无腐蚀性，对动物毒理实验没有产生不良后果。

(3) 化学性质极为稳定。

(4) 对卫生间和便盆及瓷砖、墙面的污垢去除和消毒有特效。

(5) 工艺简单，成本低。

配方 11 卫浴设备中性清洁剂

原料配比

原料	配比(质量份)				
	1#	2#	3#	4#	5#
脂肪醇聚氧乙烯(9)醚	0.5	5	2	8	2
脂肪醇聚氧乙烯(8)醚	4	0.5	2	0.5	4
烷基糖苷	5	1	10	2	6
十二烷基二甲基甜菜碱	3	6	0.5	3	4
羟丙基瓜尔豆胶	0.4	0.05	2	1	1.5
蓖麻醇酸酯锌	0.5	0.05	3	2	0.5
丙烯酸共聚物	0.5	1	0.5	1.5	2
3-甲氧基-3-甲基-1-丁醇	3	0.5	1	3	1
柠檬酸钠	5	0.5	3	1	2.5
一水柠檬酸	2	0.06	2	0.5	1.5
十二烷基二甲基苄基氯化铵	0.1	0.1	0.1	0.1	0.1
香精	0.2	0.1	0.3	0.3	0.2
水	75.8	85.14	73.6	77.1	74.7

制备方法 将所要加入的水总量的30%在常温条件下置于化料釜中，然后边搅拌边加入羟丙基瓜尔豆胶，搅拌均匀后，用一水柠檬酸调整 pH 值为 4～5，待溶液体系呈透明状后，再加入占总量 30%的水并使化料釜内溶液温度为 35～40℃，维持温度搅拌 15～20min 至溶液体系呈均一透明状后，边搅拌边依次加入十二烷基二甲基甜菜碱、烷基糖苷、脂肪醇聚氧乙烯（9）醚、脂肪醇聚氧乙烯（8）醚和 3-甲氧基-3-甲基-1-丁醇至完全溶解，再加入蓖麻醇酸酯锌、丙烯酸共聚物、柠檬酸钠、十二烷基二甲基苄基氯化铵、香精及剩余的水，搅拌均匀后再用一水柠檬酸调整 pH 值为 6～8，搅拌均匀后静置，得到所述用于卫浴设备的中性清洁剂。

原料介绍 所述原料成分中，脂肪醇聚氧乙烯（9）醚为表面活性剂，脂肪醇聚氧乙烯（8）醚为渗透剂，柠檬酸钠为螯合剂，丙烯酸共聚物为高分子成分，3-甲氧基-3-甲基-1-丁醇为助溶剂，烷基糖苷、十二烷基二甲基甜菜碱为乳化剂，蓖麻醇酸酯锌为除味剂。

以上所述的各种原料均为工业级。

产品应用 本品主要用于卫浴设备的清洁，使用范围广，可用于陶瓷、金属、镜面、塑料等多种卫浴设备表面。

产品特性

(1) 本品可以降低或减少卫浴设备在洗涤过程所受到的腐蚀，并且还能将经反复洗涤所造成的外观和颜色已经退化的卫浴设备给予明显的外观改善。

(2) 本品采用表面活性剂［脂肪醇聚氧乙烯（9）醚］、渗透剂［脂肪醇聚氧乙烯（8）醚］与螯合剂复配，可有效地去除油垢、皂垢和水垢；高分子成分（丙烯酸共聚物）可在卫浴设备硬表面形成保护膜，防止污垢沉积；助溶剂（3-甲氧基-3-甲基-1-丁醇）、乳化剂（烷基糖苷、十二烷基二甲基甜菜碱）与蓖麻醇酸酯锌协同作用，可控制异味。

(3) 本中性清洁剂对环境友好，无毒、无刺激，将去污、除味、保护一次完成。

配方 12　液体清洁剂

原料配比

原料		1#	2#	3#	4#	5#	6#
表面活性剂（烷基醇酰胺型表面活性剂）	椰子油酸二乙醇酰胺	10	—	—	—	—	2
表面活性剂（烷基醇酰胺型表面活性剂）	月桂酸二乙醇酰胺	—	—	—	—	10	—
表面活性剂（烷基醇酰胺型表面活性剂）	油酸二乙醇酰胺	—	—	—	—	10	—
表面活性剂（磺酸盐型表面活性剂）	十二烷基磺酸钠	—	50	—	—	—	2
表面活性剂（磺酸盐型表面活性剂）	十八烷基苯磺酸钠	—	—	20	—	—	—
表面活性剂	AEO-9(脂肪醇聚氧乙烯醚类表面活性剂)	—	—	—	1	—	—
除垢剂	乙二胺四乙酸二钠	50	—	10	1	30	—
除垢剂	乙二胺四乙酸四钠	—	50	—	—	—	5
香料		1	5	0.2	0.1	2	0.2
微生物（枯草芽孢杆菌）	发酵液/(10^5cfu/mL)	10	—	—	2	—	—
微生物（枯草芽孢杆菌）	发酵液/(10^6cfu/mL)	—	—	—	—	10	2
微生物（枯草芽孢杆菌）	发酵液/(5×10^8cfu/mL)	—	50	—	—	—	—
微生物（枯草芽孢杆菌）	干粉/(10^6cfu/g)	—	—	10	—	—	—
微生物	枯草芽孢杆菌/(cfu/mL)	10^3	2.5×10^7	10^4	200	10^4	2×10^3
水		加至1L					

配比单位：g/L

制备方法　将微生物枯草芽孢杆菌、表面活性剂、除垢剂、香料按质量配比混合均匀所得。

产品应用　本品是一种液体清洁剂，可用于卫生洁具、卫生间等多种表面的清洁和除味。使用时用水稀释后直接喷洒在墙面、地面或洁具表面上即可用于清洁，无须另外用水冲洗。稀释比例为（1∶1）～（1∶100），还可根据实际需要调节浓度。

产品特性 喷在待清洁的表面就能除去墙面、地面及卫生洁具等表面的污垢和异味，还可用于清洁其他多种表面；使用后无须用水冲洗，节约用水，提高效率。加工容易，所使用的微生物对人体和环境无害，更加安全和环保。

配方 13 浴室清洁剂

原料配比

原料	配比(质量份)	
	1#	2#
辛基酚聚氧乙烯醚	22	28
聚氧乙烯烷基醚	2	3
三丙烯酚乙氧基化物	12	18
柠檬酸	8	3
水	加至 100	

制备方法 将辛基酚聚氧乙烯醚、聚氧乙烯烷基醚、三丙烯酚乙氧基化物、柠檬酸、水按上述配比混合组成。

产品应用 本品主要用作清洁剂。

产品特性 本品配方合理，工作效果好，生产成本低。

配方 14 增稠的无磷酸性清洁剂

原料配比

原料		配比(质量份)		
		1#	2#	3#
直链十二烷基苯磺酸		1	3	2.5
非离子表面活性剂	壬基酚聚氧乙烯(10)醚	6	—	10
	壬基酚聚氧乙烯(4)醚	2	—	—
	脂肪醇聚氧乙烯(7)醚	—	13	—
	脂肪醇聚氧乙烯(3)醚	—	2	—
缓蚀剂	六亚甲基四胺	0.5	—	0.5
	硫脲	0.2	1	—
盐酸		3	10	4
草酸		0.199	1	5
食用香精		0.1	0.1	0.1
色素		0.001	0.001	0.001
水		87	69.899	77.899

制备方法

(1) 将直链十二烷基苯磺酸、非离子表面活性剂、缓蚀剂、盐酸、草酸、食用香精、水按上述配比混合均匀常温搅拌，直至物料完全溶解。

(2) 用300目滤网过滤。

产品应用 本品主要用于卫生设施清洁，是一种增稠酸性清洁剂。

产品特性

(1) 本品采用的原料易得，操作简便，无磷配方，不会导致水体富营养化，有利于保护环境，同时配有缓蚀剂，减少了酸性物质对管道的腐蚀。既有利于尿碱尿垢的清除，同时对由于管道滴漏所形成的顽固锈渍有很好的清除作用，恢复洁具原有光泽。

(2) 本品选用表面活性剂增稠，既达到了良好的挂壁性，又发挥了表面活性剂的优势，发挥渗透、润湿、乳化、去污等作用，节约成本，只需少量，便有很好的清洁和增稠作用，可有效节水减排。所述直链十二烷基苯磺酸含量为1～3份，含量少起不到增稠作用，含量多易致浑浊。

(3) 本品能迅速清除厕具、洁具表面的铁锈、水垢、有机污物、尿垢、尘垢、皂垢等多种常见污垢，具有一定黏度，挂壁性好。清洁剂在有污垢的垂直表面停留时间较长，有很好的杀菌、清洁功能，对大肠杆菌及葡萄球菌杀灭率为100%，且色泽清亮，给人以清洁之感，香味宜人，可有效去除异味。

配方15 坐便器厕垫喷雾清洁剂

原料配比

原料	配比(质量份)	原料	配比(质量份)
乙醇(95%)	75	香精	0.3
20%聚六亚甲基双胍(PHMB)	2.5	水	17.2
4-氯-3,5-二甲基苯酚(PCMX)	5		

制备方法

(1) 将PCMX/PHMB分别加入乙醇中充分搅拌溶解；

(2) 取少量乙醇将香精加入其中，充分搅拌溶解；

(3) 将步骤(1)和步骤(2)中的乙醇溶液在反应釜中混合均匀1.5h后加入水进行稀释并继续搅拌1h；

(4) 将步骤(3)中的反应釜中制得的溶液静置24h后，使用200目滤网进行过滤；

(5) 过滤后的成品经过检测合格标准后，加入抛射剂进行压罐灌装；

(6) 成品经出厂检验合格后入库待运输销售。

产品应用 本品是一种对坐便器厕垫表面进行快速清洁的洗涤剂，尤其是对厕垫在清洁同时产生抑菌（抗菌）作用，可有效避免如厕人群在使用坐便器，尤其是在使用公共坐便器过程中，病菌交叉污染。

产品特性

(1) 本品采用双胍类、双季铵类复合，通过特殊渗透促进剂作用，使之能有效作用于病菌，提高杀菌能力，并能够稳定储存。

(2) 本品采用喷雾方式，快速对物体表面进行杀菌，切断交叉病源传播。

(3) 本品用量省，性价比高，携带、使用方便，极其适合公务人事以及旅行者出行自我保护之用。

配方 16 卫生间高效清洁剂

原料配比

原料	配比(质量份)		原料	配比(质量份)	
	1#	2#		1#	2#
高级脂肪酸钠	21	28	石蜡	26	29
三聚磷酸钠	33	23	水	9	11
升华硫黄	11	9			

制备方法 首先将原料中的块状料粉碎，然后将所有的原料混合搅拌，再用成型机挤压成型，最后包装即可。

产品应用 本品可放入水箱内缓慢溶解，然后随下水一起流入便池，具有防垢、除臭及杀菌的作用，省去了经常需要人工刷洗的麻烦，每 100g 放入水箱中可连续使用 3 个月。

产品特性 本品为固体，运输携带方便，生产工艺简单，清洗效果好。

配方 17 卫生间用清洗剂

原料配比

原料	配比(质量份)	原料	配比(质量份)
浓盐酸(37%)	20	羧甲基纤维素钠	3
十二烷基苯磺酸钠	3	薄荷型香料	0.1
二甲苯磺酸钠	3	邻苄基对氯苯酚	0.1
壬基酚聚氧乙烯醚	2	水	64.8
硫酸钠	4		

制备方法 在室温下，将盐酸加入水中，然后加入十二烷基苯磺酸钠、二甲苯磺酸钠于水中，搅拌混匀至全溶，再加入壬基酚聚氧乙烯醚于混合液中，搅拌

混匀，待其全部溶解后再加入硫酸钠、薄荷型香料、邻苄基对氯苯酚。再次搅拌混匀至全部组分溶解，最后加入羧甲基纤维素钠，搅拌然后加热至 80℃，待溶液呈黏稠状即可。

产品应用 本品主要用于清洗卫生间设施，如瓷砖、地面、便池、马桶等设备的表面污物，清洗效果极佳。

产品特性 由于加入了复合型表面活性剂及酸，去污力强，且所用的表面活性剂易被生物降解，去污效果佳，且清洗剂中有增稠剂，对清洗垂直表面和倒置表面上的污物效果更好；不含磷，对环境的污染小；由于含有杀菌剂，可有效地杀灭千种传染性疾病的病源性微生物，防止疾病的传播。

配方 18 卫生设备清洗剂

原料配比

原料	配比(质量份)	原料	配比(质量份)
磷酸(85%)	15	香料	适量
十二烷基苯磺酸钠	8	染料	适量
三聚磷酸钠	7	水	加至 100

制备方法 先用适量的水将十二烷基苯磺酸钠和三聚磷酸钠溶解，然后缓慢加入磷酸，再加入少量的香料和染料。并充分搅拌混匀。最后再加入水，使总量达到 100，再搅拌均匀即可。如果使用的原料中含有杂质，应在分装前进行过滤或沉淀除去。

原料介绍 在本清洗剂中，可以采用无机酸或有机酸。无机酸最好是用磷酸或氨基磺酸，有机酸则以带有羟基的羧酸为佳，也可以使用这些酸的混合物，但从原料来源及生产成本考虑，最好是使用 50%～85%的磷酸。同时，为了保证达到良好的清洗效果而又保持很小的腐蚀性，酸的用量最好在 3%～25%。

在配料中所选用的表面活性剂是阴离子型的，如烷基苯磺酸及其盐类、烷基硫酸盐，其中效果最佳的是选用十二烷基苯磺酸及其盐类，如十二烷基苯磺酸钠，用量为 3%～30%。由于表面活性剂的加入量直接影响到产品的黏度。因此，加入量较小时产品的黏度小，清洗时的滞留性差；加入量较大时，产品的黏度虽有提高，但产品的成本也相应增加，所以最适用量应为 4%～12%。

为了避免配制时由于水的硬度较大造成沉淀，在配料中应加入少量的磷酸盐，最好是三聚磷酸钠，这样既可以避免配制后产品出现沉淀而影响产品质量，而且可以省去水处理装置，降低生产成本的同时也有助于增加清洗能力，最适用量为 3%～15%。

在配料中为了改善产品的使用效果，还要加入少量香料和染料，使产品具有芳香的气味和明快清洁的色泽。香料最好选用香味为清淡的花香型香料，用量为0.1%～0.5%，染料则应选用水溶性的、在酸性环境中较稳定的浅蓝色染料，用量为10～50μL/L。

产品应用 本清洗剂可广泛用于清洗陶瓷、不锈钢和搪瓷制成的卫生设备，如便池、痰盂、抽水马桶、澡盆、洗手盆等表面的各种污垢，特别是对尿垢、茶迹、油污有很强的清洗能力。

使用时，只需用刷子蘸取少量本清洗剂，在被清洗的卫生设备表面来回刷几次，然后用清水冲洗即可。

产品特性 本清洗剂具有酸性适中，有一定的黏度，与污垢反应快，对陶瓷、搪瓷和不锈钢卫生设备表面的腐蚀性很小，即年腐蚀率不超过0.05mm，对皮肤腐蚀性较小的特点，产品的性能较稳定。

配方19 卫生间除垢清洗粉

原料配比

原　　料	配比(质量份)	原　　料	配比(质量份)
酸式硫酸盐	70	烷基苯磺酸钠	4
摩擦剂	20	草酸	3
亚硝酸钠	30	香料	适量

制备方法 取各原料通过搅拌、粉碎，包装成品。

产品应用 本产品不仅对清洗卫生间污垢有效，而且还能清洗各种盆、碗、杯中污垢。

产品特性 本产品去垢力强，清洗速度快，使用携带方便。使用时将除垢粉撒在湿拖把或泡沫刷把上，轻擦污垢处即可。本品是固体粉状，便于储运，生产工艺简单，成本低廉，投资少，效益高，使用方便。

配方20 卫生间抗菌清洁剂

原料配比

原　　料	配比(质量份)	原　　料	配比(质量份)
海洋生物氨基酸盐	1.0～6.0	盐酸	10.0～15.0
仲烷基磺酸钠SAS60	10.0～12.0	单水柠檬酸	5.0～10.0
油酸酰胺	5.0～10.0	水	加至100
合成醇聚氧乙烯醚	3.0～5.0		

制备方法

(1) 在变速混合器中缓缓加入海洋生物氨基酸盐搅拌。缓缓加入单水柠檬酸、油酸酰胺并同时搅拌以避免产生大量气泡；

(2) 按配比加入仲烷基磺酸钠SAS60、合成醇聚氧乙烯醚进行乳化反应；

(3) 加入盐酸调节酸碱度，按需加入香料和染料。

产品应用 本品用于卫生间和便盆及瓷砖、墙面的污垢去除和消毒。

产品特性 本品具有以下优点：抗菌去污效果显著；无毒、无色、无味、无刺激、无腐蚀性；化学性质极为稳定；对卫生间和便盆及瓷砖、墙面的污垢祛除和消毒有特效；工艺简单，成本低。

配方21 杀菌型多功能卫生间清洗剂

原料配比

实例1：

原料	配比(质量份)	原料	配比(质量份)
盐酸	20	氨基磺酸	4
异丙苯磺酸	1	氯化镍	1
表面活性剂(SAA)	3	尿素	1
抗坏血酸	0.3	氨基硅油	0.3
改性戊二醛	0.3	来苏尔	1
桉叶油	0.1	水	68

实例2：

原料	配比(质量份)	原料	配比(质量份)
盐酸	25	柠檬酸铜	1
氯化硬脂酸铬	0.2	表面活性剂	3
苯酚磺酸锌	1	改性聚丙烯酸树脂	0.5
FN-7326	0.3	乙二醛	0.3
来苏尔	0.6	萜烯	0.1
水	68		

实例3：

原料	配比(质量份)	原料	配比(质量份)
盐酸	25	香精	适量
乳酸铜	1	酒石酸镍	1
表面活性剂	3	丙酸	1
聚丙烯酰胺接枝先聚物	0.5	EDTA	0.5
三氯异氰尿酸	0.5	水	67
来苏尔	0.5		

制备方法 将各组分溶于水中，混合均匀即可。

原料介绍 本品的原理主要是以盐酸为主要成分，配加有机酸，以保证对无机污垢的快速溶除。为了防止对金属铁等表面的腐蚀，在组分中添加了缓蚀剂及可在金属铁等表面能形成一层稳定的保护膜的物质。添加表面活性剂，是保证对有机污垢的溶除。杀菌剂来苏尔、乙醛、FN-7326、改性戊二醛、三氯异氰尿酸，具有良好的杀菌、除臭功能。

表面活性剂可采用聚氧乙烯醚型化合物及其衍生物或其复配物。缓蚀剂为尿素、抗坏血酸、硅油、氯化镍、柠檬酸铜、氯化硬脂酸铬、苯酚磺酸锌、改性聚丙烯酸树脂、酒石酸镍、乳酸铜、EDTA、聚丙烯酰胺接枝先聚物等。

产品应用 本产品广泛适用于家庭、宾馆、公共场所的卫生清洗、杀菌、除臭。

产品特性 本品采用以盐酸为主，加以有机酸、表面活性剂、缓蚀剂、杀菌剂组成，能快速彻底清除铁锈、尿垢、水垢、油等各类有机、无机污垢，独特设计的缓蚀剂配方能在钢铁表面形成一层稳定的保护膜，并对其表面和人体皮肤无腐蚀性。采用乙二醛、改性戊二醛、来苏尔、三氯异氰尿酸作为杀菌剂，其杀菌广谱、气味芳香，除臭性好。

配方 22 中性浴缸清洁剂

原料配比

原　　料	配比(质量份)	原　　料	配比(质量份)
十二烷基苯磺酸	5	香精	0.2
乙二胺四乙酸二钠盐	10	pH 调整剂 NaOH	适量
N-甲基吡咯烷酮	5	水	加至 100
尿素	8		

制备方法 将上述组分进行复配并调至 pH＝7～8 即可。

原料介绍 表面活性剂可以是阴离子表面活性剂、非离子表面活性剂或两性离子表面活性剂或者是上述两种以上的复配，阴离子表面活性剂采用以下一种或两种以上混合，如烷基苯磺酸盐、烷基硫酸盐、α-烯基磺酸盐、脂肪醇聚氧乙烯醚硫酸盐、雷米邦 A、依捷邦 T 等；非离子表面活性剂可以采用以下一种或两种以上混合，烷基酚聚氧乙烯醚、脂肪醇聚氧乙烯醚、烷醇酰胺、氧化胺等；两性离子表面活性剂可以是以下一种或两种以上的复配，表面活性甜菜碱、氨基酸类表面活性剂、咪唑啉衍生物等。

螯合剂可以是以下一种或两种以上混合，乙二胺四乙酸及其钠盐、次氮基三乙酸及其钠盐、乙二胺四丙酸及其钠盐、环己烷二胺四乙酸及其钠盐、二乙三胺五乙酸及其钠盐、柠檬酸及其钠盐、葡萄糖酸及其钠盐、聚丙烯酸及其钠盐、聚合磷酸盐等。

溶剂采用吡咯烷酮类溶剂。

pH 调整剂如碱、酸或某些盐类，如 NaOH、HCl、Na_2CO_3 等。

产品应用 本品主要用于浴缸的清洗。

产品特性 本产品具有生产方便、使用性能安全可靠、去污力强且不损伤浴缸表面等优点。

配方 23 液态厕盆清洁剂

原料配比

原料	配比(质量份)	原料	配比(质量份)
壬基酚聚氧乙烯(10)醚	3	蓝色染料(1%水溶液)	0.3
十二烷基三甲基氯化铵	10	香精	0.2
牛油氨基磺酸盐	5	水	加至 100
盐酸	10		

制备方法 将各组分依次加入水中，在常温下搅拌，混合均匀，进行灌装即可。

产品应用 本品主要用于清洗卫生间的厕盆。

产品特性 由于产品中采用了酸性去垢剂、芳香剂、着色剂及具有增稠、渗透、润湿、增溶、缓蚀、杀菌等综合作用的表面活性剂复配体系，使产品具有合适的黏度、较好的渗透、润湿、增溶、增稠效果，使产品对厕盆特有的水锈、黄垢具有很强的去除作用，其去污力比同浓度的纯酸溶液有了很大的提高，产品也具有较好的腐蚀抑制性能，对厕盆陶瓷表面无腐蚀性，可以防止表面损伤，将腐蚀性小和去污力强这一对矛盾相统一。同时产品还具有杀菌消毒功能，可以杀灭多种对人体有害的细菌，起到消除卫生间臭味、保持卫生间清洁的作用。此外本品生产工艺简单，设备投资少，易于工业化生产，且不用进行加热，能源消耗少。

配方 24 厕盆保洁剂

原料配比

原料	配比(质量份)	原料	配比(质量份)
脂肪酸三乙醇胺	25	芒硝	17
硬脂酸甲酯二乙醇酰胺	12	EDTA-2Na	0.5
脂肪酸聚氧乙烯(2)醚	20	蓝色染料	5
异龙脑	5	香精	1.5
十二烷基硫酸钠	14		

制备方法 将上述成分按比例混合，碾磨，送入压条机挤压成条，然后切块，包装即可。

产品应用 本品用于卫生间厕盆的清洁去污。本产品可以直接投入水箱中在溶解速度调节剂的作用下，使本品能缓慢均匀溶解于水中，通过观察显示剂的颜色变化，判断该物是否可以继续使用。

产品特性 由于本产品直接投入水箱使用，使有效物质溶于水中，使冲水清洗、杀菌、除臭一次完成，起到保持抽水马桶清洁的作用，同时散发清香，净化空气，使冲洗水呈有色状态，对卫生间环境起到美化作用。此外，由于采用挤压成型工艺，使本产品的生产速度快，可以通过流水线进行生产，取代了传统的采用铸模、压模生产工艺，省去了加热、脱模等过程，用挤压工艺使本产品可做成不同的形状，产品表面光滑、均匀，内部结构紧密，且外表较硬，便于运输包装。

配方 25 厕所清洁剂

原料配比

原料	配比(质量份)	原料	配比(质量份)
壬基酚聚氧乙烯(9)醚	12	聚乙二醇 6000	11
壬基酚聚氧乙烯(20)醚	18	乙二胺四乙酸四钠	5
硬脂酸	12	对二氯苯	3
聚丙烯酰胺	5	香精(柠檬香型)	4
碳酸氢钠	30	染料(水溶直接耐晒翠蓝)	5

制备方法 将壬基酚聚氧乙烯（9）醚、壬基酚聚氧乙烯（20）醚、聚乙二醇 6000、硬脂酸、香精加入加热釜中，在 60～80℃温度下熔融，再加入对二氯苯、碳酸氢钠、乙二胺四乙酸四钠粉料，然后在 60℃左右温度下浇注成型。

产品应用 本品主要用于厕所清洗。

产品特性 本清洁剂具有杀菌、除臭、防垢、清洁的作用。其缓溶过程有水溶性高聚物的溶解和皂化反应进行，因而能有效地控制缓溶速度。所有原料全部是生物降解的，不污染环境，制作工艺简单。

配方 26 多功能固体清洁剂

原料配比

原料	配比(质量份)		原料	配比(质量份)	
	1#	2#		1#	2#
十二烷基苯磺酸钠	1.5	3.5	硼酸	0.1	0.1
十二烷基烷基醇酰胺	2.0	1.0	石蜡	0.6	0.6
C_{12}～C_{14} 不饱和脂肪酸	3.7	2.7	间甲酚	0.08	0.08
硅酸钠	0.5	0.5	染料、香料	0.02	0.02
硫酸钠	1.5	1.5	NaOH 水溶液(30%)	0.04	0.04

制备方法 将不饱和脂肪酸在熔化配料釜中加热至60℃，搅拌下加入NaOH溶液，保持此温度下分别将十二烷基苯磺酸钠、十二烷基醇酰胺、硅酸钠、硫酸钠、硼酸、间甲酚、染料加入并搅拌均匀，逐渐降温，在45℃时将已熔化的石蜡和香料加入搅拌均匀，冷却至室温。压条切块而成。

产品应用 本品用于厕所卫生洁具除垢、消毒、杀菌及去除异味。用时每次取一块固体芳香清洁剂装入特制的塑料盒内，放入水箱中，盒内清洁剂在水中缓慢溶解，待用水冲厕所时，水中的清洁剂会自动将厕所便器冲洗干净，并同时杀灭细菌，散发香气。以0.02%浓度试验，5min内杀死金黄色葡萄球菌、溶血性链球菌、肺炎双球菌、伤寒杆菌、白喉杆菌、乙型肝病毒、加氏痢疾杆菌98%以上。每块固体清洁剂可使用10天。

产品特性 本品配方合理，制备方法简单适用。产品去污防污效果明显，杀菌能力强，消除异味及清新空气。

配方27 抽水马桶清洁剂

原料配比

原料	配比(质量份)	原料	配比(质量份)
水	5	缓释赋形剂Ⅰ	11
氢氧化钠	4.1	缓释赋形剂Ⅱ	10.5
烷基苯磺酸钠	26.0	无机纳米抗菌粉	0.9
酸性湖蓝	4.0	元明粉	35
食用亮蓝	2.0	改性纳米香精	1.5

制备方法 准确称取水，放入不锈钢桶中，边缓慢搅拌边加入工业氢氧化钠，待氢氧化钠固体溶解后，再缓慢倒入具有搅拌加热装置的捏合机中，在缓慢搅拌下，倒入烷基苯磺酸钠，此时捏合机内产生化学反应并放出热量，趁热依次加入酸性蓝色染料、缓释赋形剂Ⅰ、缓释赋形剂Ⅱ、无机纳米抗菌粉、元明粉，保持捏合机内的加热温度在40～80℃范围，搅拌捏合时间为0.5～1.0h，之后自然冷却，然后加入改性纳米香精，继续搅拌捏合至膏体均匀，随后加工成型。

原料介绍 上述缓释赋形剂Ⅰ为黄原胶与硬脂酸的混合物，缓释赋形剂Ⅱ为黄原胶与硫酸铜的混合物，构成缓释赋形剂Ⅰ的黄原胶含量为45%～55%、硬脂酸的含量为38%～48%；构成缓释赋形剂Ⅱ的黄原胶的含量为50%～60%、硫酸铜的含量为30%～45%。

上述无机纳米抗菌粉为市售的且由锌盐或/和银盐、纳米二氧化钛与稀土元素经共沉淀而形成；上述改性纳米香精是为市售的且由纳米氧化硅、纳米二氧化钛与香精所构成的透明膏状物，该改性的纳米香精的香型可以是松木、松杉、青草等香料。

产品应用 本品用于清洁卫生设施。将此产品放入抽水马桶中，在水中释放有效活性物质，冲厕时达到去味、抑垢、抑菌、清洁的效果。

产品特性 本产品为无磷配方，不会对环境产生二次污染。

本产品操作工艺简单，产品具有可塑性，易于加工，由于采用了纳米材料，所以其具有独特的清除异味的功能，同时由于加入了改性的纳米香精，所以又可缓慢释放出令人心怡的香气。

配方 28 长效抽水马桶清洗剂

原料配比

原料	配比(质量份)	原料	配比(质量份)
聚乙二醇(分子量 10000)	30	六偏磷酸钠	5
对二氯苯	47	蓝色染料	1
十二烷基苯磺酸钠	15	香料	2

制备方法 在一装有搅拌器的加热容器中，加入聚乙二醇（分子量 10000）、对二氯苯、十二烷基苯磺酸钠、六偏磷酸钠、蓝色染料及香料。加温，搅拌至熔融，将熔融液注入内衬聚乙烯的模具中，冷却后得产品。每块产品重 30～100g，使用期可达 1～3 个月。

原料介绍 该清洗剂为固体，主要由三部分所组成：杀菌剂、洗涤剂、缓释剂。杀菌剂采用对二氯苯，对二氯苯为白色结晶固体，易挥发，具有较强的杀菌、杀虫能力。洗涤剂主要为烷基苯磺酸钠（烷基可为各种烷烃取代基）及少量软水剂。为了保持长期释放有效成分，使用聚乙二醇作为缓释剂。聚乙二醇的分子量在 8500～20000。

产品应用 本品用于抽水马桶的清洗，使用时将产品悬挂于抽水马桶水箱中，能有效地杀菌除臭和清洗污垢。

产品特性 本品同时具有杀菌及清洗两重功能。该清洗剂使用期长，在 1～3 个月内均可保持有效作用。其杀灭大肠杆菌比率可达到 95%，对陶瓷厕盆的除污率可达到 96%，对陶瓷厕盆表面无腐蚀。使用该清洗剂后，可减少马桶用水，并使厕所空气清新。

配方 29 厕所除臭清洁剂

原料配比

原料	配比(质量份)					
	1#	2#	3#	4#	5#	6#
聚乙二醇	2	5.5	6.5	2	5.5	6.5
乳酸	0.5	1.2	2	0.5	1.2	2

续表

原料	配比(质量份)					
	1#	2#	3#	4#	5#	6#
甘油	0.4	1.0	1.5	0.4	1.0	1.5
尿素	0.5	2	6	0.5	2	6
水	0.1	1.5	1.5	0.1	1.5	1.5
香料	—	—	—	0.05	0.51	—
色素	—	—	—	0.1	0.6	1

制备方法 将水注入容器中，加热容器，使水温保持在50～90℃之间，并在此温度条件下，将聚乙二醇、乳酸、甘油、尿素、色素、香料加入该容器中，使之在水溶剂中全部溶解，并混合搅拌均匀，开成混合溶液。然后，使该混合溶液自然冷却，凝固成固体，即可得到成品。

此外，也可以在不加水的条件下进行生产，其制作工艺方法是：先将上述任一实施例中给定的聚乙二醇、尿素两种组分置入容器内，然后，加热容器使该两种组分在50～90℃的温度范围内熔化成液体，并在此温度条件下，按该实施例中给定的其余各组分相应质量，将该各组分（除水以外）加入容器中，并使之溶解，待搅拌均匀后，再使该混合溶液自然冷却，凝固成固体，即可得到产品。

产品应用 本品用于清洗厕所马桶，有除臭效果。

在使用过程中，将本产品浸入厕所水箱的水溶剂中即可。例如：可先将本产品盛装在一个能够依靠自重沉入水底，而且其壁板上带有若干通孔的罐状体容器内，然后，将该容器放入厕所水箱内腔中即可。

产品特性 本品原材料来源广泛、价格较低，制作工艺简单易行，所以其生产成本低于现有同类产品成本，因而易于推广应用。由于其主要组分中含有在常温水溶剂中溶解速度较为缓慢的聚乙二醇及尿素两种物质，故其有效期延长，一般可达两个月左右，从而能延长更换间隔时间，方便使用，并能相应地降低使用成本。由于主要组分均具有较好的杀菌除臭性能，故其除臭效果明显提高。

配方30 固体防垢除臭清洗剂

原料配比

实例1：

原料	配比(质量份)	原料	配比(质量份)
十二烷基苯磺酸钠	20	硫酸钠	5
十二烷基硫酸钠	5	三聚磷酸钠	5
苯甲酸	1	兰香	2
对二氯苯	1	亮蓝	0.05

制备方法 称取十二烷基苯磺酸钠、十二烷基硫酸钠、苯甲酸、对二氯苯、硫酸钠、三聚磷酸钠、兰香、亮蓝，放入混合容器中，搅拌均匀后，放入烤箱加温至40℃，即刻放入长方体模具中压铸成型，取出即可。

实例2：

原料	配比(质量份)	原料	配比(质量份)
C_{10}～C_{14}烷基硫酸钠	15	磷酸三钠	8
苯甲酸钠	1	玫瑰香	2
对二氯苯	1	苋菜红	0.05
无水硫酸钠	2	水	1

制备方法 称取C_{10}～C_{14}烷基硫酸钠、苯甲酸钠、对二氯苯、无水硫酸钠、磷酸三钠、玫瑰香、苋菜红，加水搅拌均匀后，放入烤箱中，加温至45℃，即刻放入长方体模具中压铸成型，取出即可。

实例3：

原料	配比(质量份)	原料	配比(质量份)
十二烷基磺酸钾	50	硫酸氢钠	7
十二烷基硫酸钾	15	六偏磷酸钠	6
苯甲酸	2	香料	2
对二氯苯	3	果绿	0.05

制备方法 称取十二烷基磺酸钾、十二烷基硫酸钾、苯甲酸、对二氯苯、硫酸氢钠、六偏磷酸钠、香料、果绿搅拌均匀后，放入烤箱加温40℃，即刻放入长方体模具中压铸成型，取出即可。

产品应用 本品是一种固态块状并配以不同颜色的便池用除垢、除臭、消毒杀菌并可连续放香的清洗剂。使用时，将本清洗剂装入料盒中，盖上盖并固定盒盖，再将联结有料盒的吊钩钩挂在便池边缘上。此时，装有固体防垢除臭清洗剂的料盒中的固体防垢除臭清洗剂的料盒紧贴在便池内壁上，随着水箱的冲水水流，将料盒中的固体防垢除臭清洗剂溶解一部分并扩散到便池四周，从而达到便池防垢、除垢、消毒杀菌、除臭、放香的作用。

产品特性 本品最突出的优点在于除垢、防垢、消毒杀菌同时完成，并且具有连续除臭放香的功能，可连续使用（料盒内固体除臭剂可及时更换），对厕所设备无腐蚀作用，对环境无任何副作用。

配方31 去污除臭清洗剂

原料配比

原料	配比(质量份)		
	1#	2#	3#
三聚磷酸钠	10	15	5

续表

原　料	配比(质量份)		
	1#	2#	3#
柠檬酸	7.5	5	7.5
乳酸	7.5	7	5
磷酸	16	22	8
烷基苯磺酸钠	8	10	6
羧甲基纤维素	1	1	—
水	50	60	30

制备方法 依次将三聚磷酸钠、柠檬酸、乳酸、磷酸、烷基苯磺酸钠、羧甲基纤维素加入水中，稍加热后搅拌，过1h后过滤得成品。

原料介绍 该去污除臭清洗剂由烷基苯磺酸钠、三聚磷酸钠、磷酸、柠檬酸、乳酸、羧甲基纤维素和水组成。其中烷基苯磺酸钠主要起乳化发泡作用。三聚磷酸钠由于其具有很好的络合性能而可作为理想的洗涤剂助剂使用，强化洗涤剂的活性物性能。由磷酸、乳酸、柠檬酸三者与烷基苯磺酸钠、三聚磷酸钠构成的弱酸性除臭清洗防蚀剂，能很好地去除碱性的便尿污垢与臭腥味。

产品应用 本品用于清洗抽水马桶、便桶、金属排污管道、洗水盂、痰盂、地砖、面砖等。加入一定量本品，静候几分钟，用刷子等轻轻擦洗就能轻易地去除黏着垢物，对于抽水马桶洗液还能对排污管“S”弯与“V”拐弯处自动起乳化、酸溶清洗作用。

产品特性 本品是一种气味清香、低泡的均匀液体，在－6℃保持不结晶，零上40℃保持不分层。由磷酸等组成的弱酸既不会腐蚀金属管又能对管道内壁起磷化防腐作用，延长其使用寿命。

七　其他日用洗涤剂

配方1　杀菌消毒清洁剂

原料配比

原料	配比(质量份)	
	1#	2#
月桂基甜菜碱	18	20
豆油	15	10
乙二胺四乙酸钠	3	5
水	适量	适量

制备方法　将月桂基甜菜碱、豆油、乙二胺四乙酸钠、水按上述配比混合制成。

产品应用　本品是一种杀菌消毒清洁剂。

产品特性　本品使用效果好，生产成本低，环保无污染。

配方2　伤口消毒清洗剂

原料配比

原料	配比(质量份)				
	1#	2#	3#	4#	5#
氯霉素	0.2	0.25	0.2	0.25	0.23
苯氧乙醇	0.8	1	1	0.8	0.9
水	加至100				

制备方法

(1) 取氯霉素，加适量水，加热至90～100℃使溶解，而后缓慢加入苯氧乙醇，边加边搅拌，使溶解，再加水。

(2) 前述制剂灌封于500mL瓶中或其他容量的瓶中，以100℃流通蒸汽灭菌25～30min即得。也可在无菌条件下灌封即得。

注意：本清洗剂应避光放置。否则氯霉素和苯氧乙醇受光线影响，发生一系列化学结构变化，最后生成醌类化合物而使本溶液变成黄色、橙色，造成降效以致失去作用。

原料介绍 氯霉素为广谱抗生素，对金黄色葡萄球菌、表葡菌、大肠杆菌较为敏感，苯氧乙醇对绿脓杆菌有较强杀灭作用，二者联用具有协同作用。

产品应用 本品是一种医药领域用于对感染创面进行消毒清洗的清洗剂，可用于皮肤消毒、外科清创。

产品特性 本制剂稳定性较好，无刺激性，既可局部也可大面积应用，清创效果理想，疗效显著。

配方 3 生物清洁剂

原料配比

原料	配比(质量份)				
	1#	2#	3#	4#	5#
大豆蛋白提取物和酪蛋白提取物	10	8	6	5	6
$NaOH+Na_2CO_3$	1	0.95	0.85	0.75	0.72
糖苷类多羟基物	10	9	8	7	8
中性蛋白酶	4	3	2	1	2
防腐剂	0.5	0.4	0.3	0.2	0.4
杀菌剂	0.3	0.3	0.2	0.2	0.3
维生素 E	0.6	0.6	0.4	0.4	0.4
异维生素 C	0.3	0.2	0.2	0.2	0.2
果绿	0.2	0.2	0.1	0.1	0.1
保持剂	0.2	0.2	0.1	0.1	0.1
水溶食用香精	0.2	0.2	0.1	0.1	0.1
水	72.7	76.85	81.75	84.95	81.86

制备方法

(1) 取水置于反应釜中，加热到 76～80℃，加入 NaOH 和 Na_2CO_3，等完全溶解后，保持温度在 76～80℃、30～60 r/min 搅拌状态下，均匀缓慢加入大豆蛋白和酪蛋白生物提取物，加完至全溶成透明胶状；

(2) 在温度保持 65℃时，直接加入糖苷类多羟基物，以 30～60 r/min 搅拌；

(3) 在温度下降到 55℃时，检查 pH 值在 6～8 时加入中性蛋白酶，然后在搅拌作用下反应；

(4) 分别用水溶解防腐剂、维生素 E 和异维生素 C，都加入反应釜中，搅拌；

(5) 直接加入果绿和水溶食用香精，再搅拌；

(6) 取 Na_2CO_3 溶解后加入保持剂，全溶后加入反应釜中，搅拌；

(7) 水加入反应釜中至总量 100%，继续搅拌 10 min，冷却后检验，活性物在15%～20%，灌装。

原料介绍 所述大豆蛋白提取物和酪蛋白提取物的质量配比是1∶1；所述$NaOH+Na_2CO_3$的质量配比是1∶3；所述防腐剂由尼泊金甲酯钠和尼泊金丙酯钠构成，质量配比是1∶1。

所述中性蛋白酶，分子量为35000～40000。

所述杀菌剂为重氮烷基咪唑脲。

所述大豆蛋白提取物为豆酪素，也称大豆蛋白胶，是由多种L-氨基酸组成的大分子，沿着蛋白质大分子链，分布NH_2、—COO—、—CONH—等亲水基团，也分布着疏水基团如—CH_2—，属氨基酸型天然表面活性剂。

所述酪蛋白提取物，也叫乳酪素、酪蛋白、酪朊、酪素。

所述糖苷类多羟基物，为烷基葡萄糖苷。

产品应用 本品是一种生物清洁剂，应用于电器表面、塑料表面、玻璃表面等多种硬表面的清洁，以及整体厨房、油烟机、灶具等和墙面厨具的浅层油垢清洁。

产品特性

(1) 免受石化清洗剂的伤害及二次伤害，避免人们对化学清洁剂的化学危害产生的害怕心理，从而减缓精神压力。

(2) 不伤手，不伤物体，清洁后表面形成防护膜，保护物体，延长物品使用寿命，方便二次清洁。

(3) 可固化油污，无水清洁，干爽舒适，简便快捷，清洁后无须过水，残留量很少，节约大量用水，减少污染。

(4) 使用方便，二次清洁时只需用湿毛巾一擦即可，改变了常规清洁剂清洁时因要使用水所带来的不便。

(5) 使用范围广泛。

配方4 石材和石质文物表面黄斑清洗剂

原料配比

原料	配比(质量份)		
	1#	2#	3#
有机酸	2.0	1.7	2.0
水	96	94.0	96
胺类还原剂	2.0	94	2.0

制备方法

(1) 室温常压下，取上述配比的有机酸和水，将有机酸溶解于水中，搅拌，自然溶解；

（2）室温常压下，取上述配比的还原剂，滴加到步骤（1）所获得的溶液中，搅拌混合均匀即可得到中性石材和石质文物表面黄斑清洗剂。

原料介绍 所述有机酸为一元、二元、多元等低碳羧酸化合物固体。所述的低碳羧酸化合物为甲酸、乙酸、草酸、苯甲酸、水杨酸、柠檬酸的任一种。

所述还原剂为胺类化合物质。所述的胺类化合物为三乙醇胺、羟胺、苯胺、水合肼的任一种。

产品应用 本品是一种石材和石质文物表面黄斑清洗剂。

产品特性 本品清洗剂及其废液均呈中性，对石材无腐蚀作用，对环境无破坏。清洗剂本身具有抗氧化作用，成本低廉，浓度极低，携带方便，可以预先制备，也可现配现用，操作方法简单。

配方 5 水包油型多用途高性能去污增光剂

原料配比

原料	配比(质量份)	原料	配比(质量份)
聚苯乙烯乳液	35	云母钛	1
甲基丙烯酸乙酯	30	过硫酸钾	0.1
磷酸三丁酯	0.5～11.5	20%硝酸钾溶液	15～20
脂肪酸乙醇酰胺	5	水	1000～1500
油酸	2.5		

制备方法 将上述配方中除水以外的所有组分按配方比例放入高剪切乳化搅拌均质机中，该机的螺旋桨型搅拌器的旋转速度以10000～15000r/min为佳，经高速搅拌混合成均匀的乳状液即成乳化液成品，该商品在使用时可与1∶(1000～1500）倍的0～80℃的水任意混合即成本品的水包油型（O/W）多用途高性能去污增光剂乳化液成品。

产品应用 本品是一种水包油型多用途高性能去污增光剂。

产品特性 本品用途广泛，可用于任何需要去污增光的物体表面，使用时只要用棉布或毛刷蘸取本品擦拭物体表面即可达到去污增光目的。本品可在物体表面迅速聚合成膜，去污速度快、防水、增光保护，多功能一次完成。本品采用的配方工艺技术先进，产品质量稳定，可利于运输和储存。

配方 6 速溶去污粉

原料配比

原料	配比(质量份)	原料	配比(质量份)
二氯异氰尿酸钠	10～30	重质碳酸钠	60～90

制备方法 在常温常压下，仅仅需要将组分二氯异氰尿酸钠和重质碳酸钠按规定比例混合装入水溶性袋子即可。

产品应用 本品是一种速溶去污粉。

产品特性 本品具有灭细菌范围大、用途广泛、易溶于水、能够有效杀灭各种细菌的特点，同时是一种具有较强灭藻、除臭、净水、去污漂白、气味低特点的杀灭各种细菌的产品。本品能有效地杀灭各种细菌，对芽孢、真菌、病毒和甲、乙型肝炎病毒具有很强的灭活特效；用于多数的表面杀菌，具有较强的渗透和去污性能，包括白色布料、桌面、地面、洗手间、升降机及扶手电梯等表面的清洁杀菌，不会产生污物再沉积现象。

配方 7 塑料器皿清洗剂

原料配比

原　料	配比(质量份)	原　料	配比(质量份)
十二烷基苯磺酸钠	10	过硼酸钠	35
三聚磷酸钠	30	纯碱	20

制备方法 将各组分混合均匀即可。

产品应用 本品主要应用于清洗剂行业，尤其是涉及塑料器皿清洗。

产品特性

(1) 原材料简单易得，制备工艺简单；

(2) 生产成本低，用途广泛 ；

(3) 无毒无污染；

(4) 去污能力强，使用效果好。

配方 8 塑料制品清洗剂

原料配比

原　料	配比(质量份)		
	1#	2#	3#
乙酸乙酯	10	4	7
丁醇	6	15	12
溶纤剂粉	10	6	8
过硼酸钠	10	15	12
硅酸钠	15	10	12
无水焦磷酸钠	5	12	9
纯碱	9	5	7

续表

原 料	配比(质量份)		
	1#	2#	3#
硫酸镁	2	3	2.5
三聚磷酸钠	2	1	1.5
非离子表面活性剂	1	2	1.5
硫酸钠	9	3	6
液态皂	6	12	8
无水磺酸钠	9	5	7
过碳酸钠	3	6	4.5
香料	3	1	2

制备方法 按比例取乙酸乙酯、丁醇、溶纤剂粉、过硼酸钠、硅酸钠、无水焦磷酸钠、纯碱、硫酸镁、三聚磷酸钠、非离子表面活性剂、硫酸钠、液态皂、无水磺酸钠、过碳酸钠、香料，全部混合一起，倒入搅拌机中搅拌180min，取出后全部放入烘干机中，控制烘干机的温度为30℃，烘制时间为2～3h，控制被烘干物质的干燥度为98%，取出后待凉，包装即可。

产品应用 本品是一种塑料制品清洗剂，应用于家庭、餐馆、宾馆、单位等塑料制品的清洗。

使用时，用湿布蘸少许粉剂，直接擦拭各种塑料制品表面，然后用清水冲洗即可。

产品特性 本品中全部使用安全、无毒、无残留的物质，材料易取，配制及制备工艺简单，价格低廉，具有良好的去污、消毒、杀菌、除异味效果，擦拭去污快。该配方配伍简单，用湿布蘸少许粉剂，直接擦拭各种塑料制品，即可有效去除油污，用后不黏不腻，强效除油，芳香持久，消毒、杀菌有效期可达6天以上，是家庭、餐馆、宾馆、单位等处理塑料制品卫生最方便、最快捷、最有效、最理想的去油污、去异味、消毒、杀菌的用品。

配方9 塑料清洗剂

原料配比

原 料	配比(质量份)		
	1#	2#	3#
巴西棕榈蜡	10	4	7

续表

原　料	配比(质量份)		
	1#	2#	3#
三乙醇胺	6	15	12
氨水	10	6	8
丙二醇	10	15	12
溶纤剂	15	10	12
焦磷酸钠	5	12	9
EDTA	9	5	7
乳酸	2	3	2.5
硫酸亚铁	2	1	1.5
甘油	1	2	1.5
椰子油脂肪酸	9	3	6
液态皂	6	12	8
吗啉	9	5	7
变性酒精	3	6	4.5
香料	3	1	2

制备方法　按比例取巴西棕榈蜡、三乙醇胺、氨水、丙二醇、溶纤剂、焦磷酸钠、EDTA、乳酸、硫酸亚铁、甘油、椰子油脂肪酸、液态皂、吗啉、变性酒精、香料全部混合，倒入搅拌机中搅拌 160min，取出后全部放入烘干机中，控制烘干机的温度为 40℃，烘制时间为 2～3h，控制被烘干物质的干燥度为 95%，取出后待凉，分别按质量大小包装即可。

产品应用　本品主要应用于塑料制品清洗。

产品特性　本品配方中全部使用安全、无毒、无残留的物质，然后加上便捷的制作工艺加工而成，材料易取，配制及制备工艺简单，制备物质低廉，具有良好的去污、消毒、杀菌、除异味效果，擦拭去污快，达到了本品的目的。该配方配伍简单，用湿布蘸少许粉剂，直接擦拭各种塑料制品，即可有效去除油污，用后不黏不腻，强效除油，芳香持久，消毒、杀菌有效期可达 6 天以上，是家庭、餐馆、宾馆、单位等处理塑料制品卫生最方便、最快捷、最有效、最理想的去油污、去异味、消毒、杀菌的用品。有效地克服了擦洗后仍有异味、油污的缺陷。

配方 10 陶瓷去污剂

原料配比

原料	配比(质量份)	原料	配比(质量份)
AEO-3	10	丁基溶纤剂	8
AEO-7	10	乙醇	10
十二烷基硫酸钠	5	溴化十二烷基二甲基苄基铵	5
三乙醇胺	6	过碳酸钠	5
油酸	6		

制备方法 将所述预料混合搅匀即可。

产品应用 本品是一种陶瓷去污剂。使用时，只需将其混合搅匀即可。

产品特性 本品具有很强去污力，且有杀菌效果，可以有效去除各种油渍、污渍。

配方 11 特亮上光清洁剂

原料配比

原　　料	配比(质量份)	原　　料	配比(质量份)
植物油(茶油、花生油、大豆油 2∶1∶4)	1～30	松节油	加至 100

制备方法

(1) 将茶油、花生油、大豆油三种植物油按 2∶1∶4 比例混合均匀;

(2) 将混合油倒入可调温的不粘锅内进行火控提纯，先小火加温使混合油升温到 40～60℃，持续 5min，其作用是去水分，然后用大火使混合油升温到 80～100℃，持续 5min，其作用是去腥味、提纯浓缩、增强油脂黏度、降低酸酯烟点水分含量，然后停止加热;

(3) 将混合油搅拌降温至 38～42℃，沉淀 24h 用滤布网过滤除杂质;

(4) 将过滤除杂的植物油和松节油混合。

原料介绍 所述天然植物油是由茶油、花生油、大豆油按 2∶1∶4 比例混合而成的。

所述特亮上光清洁剂由若干种天然植物油和松节油混合而成。

产品应用 本品是一种特亮上光清洁剂，用途广泛，可应用于粉体漆类、烤漆类、液体漆类、不锈钢制品硬塑类、陶瓷类等物品的清擦。本品采用天然植物油和松节油，对环境无污染，是环保型产品。

产品特性

（1）本品不仅能够对金属物品表面进行清洁和上光，而且可在金属物品表面形成一种保护膜，从而有利于其防潮防锈。

（2）本品具有去污光亮、防潮防锈功能，有效解决了由于用水擦洗所导致的易湿、易锈、易脱色干后还会留下痕迹等问题，从而延长物品的使用寿命，擦拭后使物品光亮如新。

配方 12　天然固体清洁剂

原料配比

原　料	配比(质量份)											
	1#	2#	3#	4#	5#	6#	7#	8#	9#	10#	11#	12#
高岭土	9	7	45	6	20	6	6	7	50	11	15	7
沸石粉	22	4	4	4	12	5	9	5	4	6	36	5
方解石粉	7	7	7	7	11	45	7	8	7	9	12	7
浮石粉	4	3	4	3	5	4	40	3	3	3	6	10
长石粉	17	19	4	4	16	4	5	11	4	4	7	55
硅藻土	2	6	17	2	2	2	3	5	2	12	5	2
蒙脱石粉	16	3	3	21	3	3	5	3	22	5	6	3.5
滑石粉	4	5	7	4	7	6	5	40	4	12	4	4
皂素	2	3	5	15	4	3	5	4	1	15	2	1.5
白炭黑	7	3	4	17	5	4	5	6	3	18	3	3
水	10	40	—	17	15	18	10	8	—	5	4	2

制备方法

（1）备料：高岭土、沸石粉、方解石粉、浮石粉、长石粉、硅藻土、蒙脱石粉、滑石粉、皂素、白炭黑和水。

（2）将各组分均匀混合；按照所需形状和质量数，制作模具；将混合好的原料放入模具中，用气压机或液压机压制成固体状即可。

产品应用　本品是一种用于对金属、陶瓷、木板、玻璃、纤维板、石板等硬表面进行清洁去污的新型天然固体清洁剂。

产品特性

（1）本品对金属、陶瓷、木板、玻璃、纤维板、石板等硬表面污渍具有优异的清洁效果，能够去除油渍、汗渍、茶渍、果渍、奶渍、血渍、墨渍、灰渍、尘渍等各种污渍。

（2）本品的原料采用天然矿石粉和植物提取物，不含化工合成物质，具有良好的生物降解性，安全环保，天然健康，对环境无污染，对人体无伤害。

(3) 本品使用方便，可以直接涂抹于所需清洁物的表面，加少量水或不加水，用泡棉或抹布直接擦拭即可。

(4) 本品制作简单，只需将原料按质量份比例混合均匀，用气压机或液压机压 制而成便可。所需设备少，占用空间小，生产容易，无噪声和废水。

(5) 本品主要采用天然矿石粉和水，再添加少量植物提取物，生产操作简单，因此成本低，有优异的性价比。

(6) 本品的成品为固体状，产品使用寿命长，运输储存容易。

配方 13 天然绿色洗涤粉剂

原料配比

原　料	配比(质量份)	原料	配比(质量份)
黄大豆	55	青大豆	25
豌豆	20		

制备方法 将所选用的原料先除去杂质，自然干燥，再粉碎成过 100～180 目的细粉末，经密封包装制成本品产品。

产品应用 本品是一种天然绿色洗涤粉剂。

产品特性 本品使用方便，实用性广，其富含的皂素泡沫去油腻和污垢效果好，无任何毒副作用，绿色环保，使用安全。此外本品生产工艺简单，使用方便。

配方 14 天然型指甲油清洗剂

原料配比

原　料	配比(质量份)		
	1#	2#	3#
柠檬烯	15	18	10.5
柠檬醛	10	6.5	14
柠檬酸	1	0.5	0.2
三乙酸甘油酯	70	78	83

制备方法 将各组分在温度为 15～25℃条件下，以 50～70r/min 的速度搅拌均匀，配制成天然型指甲油清洗剂。

产品应用 本品是一种天然型指甲油清洗剂。使用方法：选择本品均匀涂刷到要清洗的指甲上，浸润 0.5min，用布直接擦拭，再用清水洗净，最后用布擦干即可。清洗效果非常显著，储存静置不沉淀、不分层，可直接使用，不必再搅拌摇匀，使用极为方便。

产品特性 本品不含苯、丙酮、乙酸乙酯、乙酸丁酯等对人体有毒有害的物质，也不含铅、铬、镉和汞等重金属。生产过程中不会污染环境，从根本上消除了安全隐患。本品无二次污染，使用储存安全可靠。本品采用原料为天然原料，来源丰富且广泛。

配方 15 通用喷、擦清洁剂

原料配比

原料	配比(质量份)	原料	配比(质量份)
水	91	无水偏硅酸钠	2.3
轻度交联聚丙烯酸	0.2	丙二醇甲醚	3
EDTA-4Na	2	C_{12}～C_{15} 直链醇聚氧乙烯醚	1.5

制备方法

(1) 使用混合器或相似可变速机器，分散或撒轻度交联聚丙烯酸于水中。混合料约 15min 或直至均一。将水加热至 40～50℃可提高轻度交联聚丙烯酸的润湿和分散性。

(2) 缓缓搅拌下，加 EDTA-4Na 和偏硅酸钠。

(3) 持续搅拌，加丙二醇甲醚和 C_{12}～C_{15} 直链醇聚氧乙烯醚。

(4) 按需加色料和香精。

产品应用 本品是一种用于硬表面清洁的高效通用集喷、擦为一体的多功能清洁剂，可应用于地面、墙面、玻璃、洁具等的清洁以及地面的消毒。

产品特性 本品与同类产品相比在于其用途广泛，可应用于地面、墙面、玻璃、洁具等的清洁以及地面的消毒，并可起到上光及保养的作用。而且本产品使用起来也比较简便，只需要一擦即可，更重要的是擦洗后不用水冲洗，节约大量的水资源。

配方 16 无擦伤去污擦光系列产品

原料配比

无擦伤去污擦光皂：

原料	配比(质量份)	原料	配比(质量份)
粉料	60～65	水	20～30
皂粉或皂片	10～20		

无擦伤去污擦光膏：

原　　料	配比(质量份)	原　　料	配比(质量份)
粉料	53.5	硝酸钾	2
淀粉	8	硼砂	0.2
羧甲基纤维素	1.5	十二烷基硫酸钠	2.5
尿素	3	水	29.3

无擦伤去污擦光粉：

原　　料	配比(质量份)	原　　料	配比(质量份)
粉料	88～100	阴离子表面活性剂	0～12

制备方法

皂：加热水至不超过100℃，将皂粉或皂片倒入热水中搅拌，再将粉料加入搅拌，充分拌匀后入大平板模，再手工排气、压实、分割成型，若采用机械操作则直接塑炼后切割成型，成型的产品包装后入库。

膏：

(1) 加热水；

(1) 将羧甲基纤维素、硼砂、硝酸钾、尿素及十二烷基硫酸钠分别溶入水中；

(3) 将淀粉加入溶液中充分搅拌；

(4) 将粉料加入溶液中并充分搅拌；

(5) 灌装、入库。

粉：将粉料、十二烷基磺酸钠混合并充分搅拌后包装入库即可。

产品应用 本品是一种无擦伤去污擦光系列产品。使用皂时，用湿布或湿毡，擦取皂后再擦要去污的物品，擦完后用抹布抹干净即可。使用膏时，在要擦洗的柜窗物品上涂上膏后，用布或毡擦，擦后用抹布抹净即可。使用粉时，抛光有机玻璃之类的物品时，如纽扣，可用100%的粉加水在转筒中进行，去污清洁物品时用湿布或工具沾上粉进行擦拭即可。

产品特性 本品去污效果显著，成本低廉。

配方17 无毒地毯清洁剂

原料配比

原　　料	配比(质量份)		
	1#	2#	3#
脂肪醇聚氧乙烯(9)醚	0.7	0.2	0.9

续表

原　　料	配比(质量份)		
	1#	2#	3#
脂肪醇聚氧乙烯(7)醚	0.3	0.1	0.8
脂肪醇聚氧乙烯(20)醚	0.5	0.08	0.09
脂肪醇聚氧乙烯醚硫酸钠	0.25	0.05	1
烷基糖苷	0.5	0.1	1.8
酒精	30	16	45
柠檬酸	0.2	0.002	0.5
硅藻土	35	10	45
淀粉	15	40	3
香精	0.1	0.1	0.1
水	17.45	33.37	1.81

制备方法

(1) 按所述配比将脂肪醇聚氧乙烯 (9) 醚、脂肪醇聚氧乙烯 (7) 醚、脂肪醇聚氧乙烯 (20) 醚、脂肪醇聚氧乙烯醚硫酸钠、烷基糖苷进行混合，边搅拌边加入酒精。

(2) 待加入的原料溶解于酒精并搅拌均匀后，再加入香精和水搅拌均匀，用柠檬酸调整 pH 值至 6.5～8.0，得到液体基料。

(3) 将硅藻土、淀粉加入搅拌机内，边搅拌边加入所述液体基料，全部加入后再搅拌 2～3min，得到粉状不用水洗和专用清洗机的无毒地毯清洁剂。

产品应用 本品是一种不用水洗和专用清洗机的无毒地毯清洁剂。

产品特性

(1) 本品所采用的表面活性剂既有足够的渗透剥离污垢的作用，又不会残留在纤维上，避免地毯板结发黏；

(2) 本品所采用的溶剂，有良好的渗透作用和挥发性，并且无毒副作用，不会造成环境污染；

(3) 本品所采用的吸附剂，对溶剂、表面活性剂有适中的吸附性，使其在储存时不致渗漏，使用后又能吸附并转移污垢，该吸附剂无毒，很容易借助于普通吸尘器吸走污垢。

配方 18 无磷消毒重垢硬表面清洁剂

原料配比

原料	配比(质量份)	原料	配比(质量份)
异丙醇	10.0	直链烷基苯磺酸	2.0
椰油酸二乙醇酰胺	9.0	松油	20.0
辛基酚聚氧乙烯(9.5)醚	5.0	水	54.0

制备方法 将各组分混合均匀即可。

产品应用 本品是一种用于硬表面清洁的高效无毒清洁剂。使用时1～2份清洁剂用130份（体积份）水稀释即可。

产品特性 本品是由一些不含磷的成分组成的，其清洁后的废水不会对环境造成污染，其中的松油起到了杀菌剂的效果，而且本品与同类产品相比清除重垢的效果更为强劲，是一种理想的重垢清洁剂。

配方 19 稀土消毒灭菌洗涤剂

原料配比

原料		配比(质量份)		
		1#	2#	3#
第一种混合物	油酸皂	0.5～1	0.5～0.8	0.75
	三乙醇胺皂	0.5～1.5	0.8～1	1
	三乙醇胺油酸皂	1～2	1.2～1.6	1.5
	碳酸钠	1～3	1.5～2.5	2
	羧甲基纤维素	0.1～0.2	0.1～0.15	0.1
	硅酸钠	0.5～1.5	0.8～1.2	1
第二种混合物	烷基磺酸钠	2～4	2.5～3.5	3
	烷基醚硫酸盐	3～5	3.5～4.5	4
	净洗剂6501	2～4	2.5～3.5	3
	45%混合氯化稀土	0.001～0.003	0.0015～0.0025	0.002
第三种混合物	黄连与大青叶的1∶1混合物	0.3～0.6	—	0.5
	黄连	—	0.3～0.6	—
	香料	适量	适量	适量
水		加至100		

制备方法

(1) 先将油酸皂加水溶解，再依次加入三乙醇胺皂、三乙醇胺油酸皂、碳酸钠、羧甲基纤维素、硅酸钠，组成第一种混合物。

（2）再将烷基磺酸钠、烷基醚硫酸盐、净洗剂6501、45%混合氯化稀土混合组成第二种混合物。

（3）将中药进行加工并可以配以适当的香料组成第三种混合物；将这三种混合物混合制成本品的产品。

产品应用 本品是一种具有消毒灭菌功能的洗涤用品。

产品特性 本产品不但增加了消毒灭菌功能，而且借助于稀土特殊的化学活性，致使洗涤剂的结构发生变化，使其去污力明显提高。如果加入黄连、大青叶等中药材，稀土与中药材相配合其消毒灭菌效果更好。本品中的各种成分相互叠加不但去污能力更强，而且去污范围更广泛，消毒灭菌更彻底。本产品的生产工艺流程简单，设备投资少，成本低，操作方法简便。

配方20 洗涤消毒剂

原料配比

原料	配比(质量份)		原料	配比(质量份)	
	1#	2#		1#	2#
壬基酚乙氧基化物	10	7	壬基酚聚氧乙烯(6)醚	2	3
十二烷基二甲基氧化胺	9	8	乙二醛	10	8
壬基酚聚氧乙烯(30)醚	3	1	水	加至100	

制备方法 将各组分混合均匀即可。

产品应用 本品主要应用于消毒洗涤。

产品特性 本品使用效果好，生产成本低，环保无污染。

配方21 下水道除油清洗液

原料配比

原料	配比(质量份)		
	1#	2#	3#
十二烷基苯磺酸钠	6	—	—
硅酸钾	6	—	—
茉莉香精	0.1	—	5
水	87.9	89.4	84
二乙醇胺	—	10	—
三乙醇胺	—	—	1
四甲基乙二胺	—	0.1	—
玫瑰香精	—	0.5	—
乙二胺	—	—	10

制备方法 将配方所述量的表面活性剂加入水中溶解并搅拌均匀，接着加入pH调节剂和添加剂，在搅拌下使各组分均匀分散，最后灌装成产品。

原料介绍 所述表面活性剂为十二烷基硫酸钠、十二烷基苯磺酸钠、烷醇胺、烷基醚、烷基酚醚或烷基酚醚衍生物。

所述pH调节剂为有机碱或无机碱；

所述添加剂为染料香精。

产品应用 本品是一种下水道除油清洗液。使用时，将该产品稀释后喷淋在下水道内壁，停留一段时间后使用清水清洗管道内壁，即可得到清洁、去渍、防堵塞的满意效果。

产品特性 本品既能清洁下水道表面油渍，又可确保下水道不会因为动物油渍等堵塞。且产品生产工艺简单、设备投资少、价格低廉、使用方便。

配方 22 橡胶制品清洗剂

原料配比

原料			配比(质量份)							
			1#	2#	3#	4#	5#	6#	7#	8#
清洗剂			20	20	20	20	20	20	20	20
磷酸盐		三聚磷酸钠	10	—	—	—	—	—	—	—
		磷酸钠	—	6	—	—	—	—	—	—
		二磷酸钠	—	—	6	6	—	—	—	—
		五氧化二磷	—	—	—	—	7	—	—	—
		磷酸三钾	—	—	—	—	—	9	—	—
		磷酸三钠	—	—	—	—	—	—	9	9
表面活性剂		脂肪醇聚氧乙烯(9)醚	5	—	—	—	—	—	—	—
		脂肪醇聚氧乙烯(7)醚	—	5	—	—	—	—	—	—
		脂肪醇聚氧乙烯(3)醚	—	—	5	5	—	—	—	—
		烷基酚聚氧乙烯(12)醚	—	—	—	—	6	—	—	—
		山梨糖醇酐硬脂酸(80)酯	—	—	—	—	—	5	—	—
		山梨糖醇酐硬脂酸(20)酯	—	—	—	—	—	—	5	5
pH调节剂	无机碱	氢氧化钾	2	—	—	—	—	—	—	—
		氢氧化钠	—	—	3	3	—	—	—	—
		氨水	—	3	—	—	—	—	—	—
	有机碱	乙二胺	—	—	—	—	4	—	—	—
		三乙醇胺	—	—	—	—	—	3	—	—
		四甲基氢氧化铵	—	—	—	—	—	—	3	3
水			加至100							

制备方法 按照上述比例称取磷酸盐、表面活性剂、pH 调节剂以及水，在室温下依次将磷酸盐、表面活性剂、pH 值调节剂加入水中，搅拌混合均匀，制成清洗剂成品。

原料介绍 所述磷酸盐是磷酸钠、磷酸钾、三聚磷酸钠、三聚磷酸钾、二磷酸钠、焦磷酸钠、焦磷酸钾、磷酸三钠、磷酸三钾、三偏磷酸钠、三偏磷酸钾、磷酸二氢钠、磷酸二氢钾或磷酸氢二钠、磷酸氢二钾、焦磷酸二氢二钠、焦磷酸二氢二钾或五氧化二磷。

所述表面活性剂是非离子型表面活性剂。

所述非离子型表面活性剂是脂肪醇聚氧乙烯醚、烷基酚聚氧乙烯醚、失水山梨醇油酸酯聚氧乙烯醚或山梨糖醇酐硬脂酸酯。

所述脂肪醇聚氧乙烯醚是脂肪醇聚氧乙烯（3）醚、脂肪醇聚氧乙烯（5）醚、脂肪醇聚氧乙烯（7）醚、脂肪醇聚氧乙烯（9）醚、脂肪醇聚氧乙烯（10）醚、脂肪醇聚氧乙烯（15）醚、脂肪醇聚氧乙烯（25）醚或脂肪醇聚氧乙烯（40）醚；所述烷基酚聚氧乙烯醚是烷基酚聚氧乙烯（6）醚、烷基酚聚氧乙烯（8）醚、烷基酚聚氧乙烯（10）醚、烷基酚聚氧乙烯（12）醚；所述失水山梨醇油酸酯聚氧乙烯醚是指失水山梨醇油酸酯聚氧乙烯（40）醚、失水山梨醇油酸酯聚氧乙烯（60）醚、失水山梨醇油酸酯聚氧乙烯（80）醚；所述山梨糖醇酐硬脂酸酯是指山梨糖醇酐硬脂酸（20）酯、山梨糖醇酐硬脂酸（40）酯、山梨糖醇酐硬脂酸（60）酯、山梨糖醇酐硬脂酸（80）酯。

所述 pH 调节剂是有机碱和无机碱中的一种或其组合。

所述无机碱是氢氧化钠、氢氧化钾、碳酸钠、碳酸钾、碳酸氢钠、碳酸氢钾或氨水。

所述有机碱是多羟多胺或胺。

所述多羟多胺是三乙醇胺、四羟基乙二胺或六羟基丙基丙二胺；所述胺为乙二胺、四甲基氢氧化铵、二甲基乙酰胺或者三甲基乙酰胺。

本品及实施例中涉及和使用的脂肪醇聚氧乙烯醚中脂肪醇的碳原子数为12～18；烷基酚聚氧乙烯醚中烷基的碳原子数为8～12。

产品应用 本品是一种水基型的橡胶制品清洗剂。

产品特性 本品配方科学合理，生产工艺简单，不需要特殊设备，仅需要将上述原料在室温下进行混合即可；其清洗能力强，清洗后的表面无油污残留，表面光亮，清洗时间短，节省人力和工时，提高工作效率。本清洗剂呈碱性，对设备的腐蚀性较低，使用安全可靠，并利于降低设备成本。另本清洗剂为水溶性液体，且不含对人体有害物质，清洗后的废液便于处理排放，符合环境保护要求。

配方 23 消毒清洁剂

原料配比

原料	配比(质量份)		原料	配比(质量份)	
	1#	2#		1#	2#
十二烷基二甲基甜菜碱	12	9	烷醇酰胺	5	3
乙二醛	8	7	水	加至100	

制备方法 由十二烷基二甲基甜菜碱、乙二醛、烷醇酰胺、水混合均匀所得。

产品应用 本品是一种消毒清洁剂。

产品特性 本品配方合理，使用效果好，生产成本低。

配方 24 消毒去污粉

原料配比

原料	配比(质量份)		原料	配比(质量份)	
	1#	2#		1#	2#
碳酸钙	86.7	85	香精	0.3	0.5
十二烷基苯磺酸钠	7	7.5	次氯酸钠	7.5	6
碳酸钠	6	8			

制备方法 称取碳酸钙、十二烷基苯磺酸钠、碳酸钠、香精放入搅拌机内搅拌5min，然后称取10%次氯酸钠液体，以雾状喷入运转的搅拌器内，搅拌15min后，使次氯酸钠液体与粉状物充分接触渗透，过筛完成。

产品应用 本品是一种消毒去污粉。

产品特性 本品原料中碳酸钙粉易得，成本低，利用碳酸钙粉的颗粒度对各种器物上的污垢进行摩擦和吸附去污；碳酸钠粉对油污起分解、脱脂作用，增强去污能力，再加入十二烷基苯磺酸钠活性剂和香精产生协同效果，加强去污效力，清洗残留快速，并增加器物的光洁度，保持浓郁的芳香气味；次氯酸钠价格便宜，能高效快速地杀灭大肠杆菌、金黄色葡萄球菌、白色念珠菌等致病菌，灭活肝炎病毒，具有广谱、安全的消毒灭菌效果。

配方 25 消毒洗涤剂

原料配比

原料	配比(质量份)		原料	配比(质量份)	
	1#	2#		1#	2#
月桂基甜菜碱	10	13	辛基酚聚氧乙烯醚	2	2
戊二醛	5	7	氯化钠	1	2
脂肪醇聚氧乙烯醚硫酸铵	3	5	水	加至100	

制备方法 将各组分混合均匀即可。

产品应用 本品是一种消毒洗涤剂。

产品特性 本品配方合理，使用效果好，生产成本低。

配方 26 抑菌去污室内地面消毒粉

原料配比

原料	配比(质量份)		
	1#	2#	3#
三聚磷酸钠	15	20	18
氢氧化钠	3	5	4
过硼酸钠	30	40	35
碳酸钠	25	30	28
硅酸钠	3	5	4
超细碳酸钙	25	30	28
板蓝根粉	3	5	4
玫瑰香料	0.3	0.5	0.4

制备方法 按上述配比，将三聚磷酸钠、氢氧化钠、过硼酸钠、碳酸钠、硅酸钠、超细碳酸钙、板蓝根粉、玫瑰香料所述的八种原料组分混合，搅拌均匀，用塑料袋包装即成本品。

产品应用 本品是一种抑菌去污室内地面消毒粉。

产品特性 本品所有原料混合在一起，搅拌均匀，使得各种原料功效产生协同作用，具有较强的去污能力，能除掉原油、沥青、树脂、油墨等污垢，能抑制细菌产生，杀菌能力特别强，能够预防和控制非典型性肺炎的发生和细菌感染，能预防流行性瘟疫和感冒病毒，并且能消除螨虫和预防各类虫菌的发生，并且能够消除花卉根部各种虫害，可用于公共场所、家庭等室内地面的消毒、杀菌，也可用于医务工作人员衣物、口罩等的消毒、杀菌，对人体无毒、无害，不污染衣物。

配方 27 硬表面洗涤剂

原料配比

原料	配比(质量份)			
	1#	2#	3#	4#
碳酸钠	15	12	18	14
硅酸钠	15	12	18	16
豆蔻酸钠	7	5	10	7
油醇聚氧乙烯醚	7	5	10	8
烷基苯磺酸钠	8	5	12	9

续表

原料	配比(质量份)			
	1#	2#	3#	4#
磺基琥珀酸钠	8	6	12	9
聚乙烯醇	4	2	7	4
油脂树脂催化剂	1	1	3	2
乙醇	15	12	17	14
水	20	15	25	19

制备方法

(1) 首先将碳酸钠、硅酸钠、水的混合物加热至65～85℃，然后搅拌得澄清溶液Ⅰ。

(2) 将豆蔻酸钠、油醇聚氧乙烯醚、烷基苯磺酸钠、磺基琥珀酸钠的混合物加热至40～60℃，充分搅拌得溶液Ⅱ。

(3) 在不断搅拌下，将溶液Ⅱ缓慢加入溶液Ⅰ中，充分搅拌后，依次加入聚乙烯醇、油脂树脂催化剂、乙醇，充分搅匀即得该产品。此步骤中，可以加入1～5质量份的防腐剂。

产品应用 本品主要应用于硬表面洗涤，使用浓度3%。

产品特性 本品无强酸碱，无磷，无毒，护肤，不伤害水生物，微生物降解率高，泡沫少，净洗力达91.7%，保存期2～3年。本品适用于抽油烟机、排气扇、液化气灶、工厂烟囱、门窗、玻璃、墙壁、各种地板、家具、家电外壳、厕所、浴室、机械零件设备、(汽车、火车、轮船、飞机) 外壳等硬表面的洗涤。

配方28 油包水型多用途高性能去污增光剂

原料配比

原料	配比(质量份)	原料	配比(质量份)
硅油	50	三乙醇胺	2
甲基丙烯酸甲酯	30	氯氧化铋	0.5
邻苯二甲酸二丁酯	0.5	过硫酸铵	0.1
烷基酚聚氧乙烯醚	5	20%硝酸钾溶液	11.9

制备方法 将上述配方规定的各组分原料放入高剪切乳化搅拌均质机中，该机的螺旋桨型搅拌器的旋转速度以大于10000r/min，以高剪切均质混合成均匀的乳化液，即得本品的产品成品。

产品应用 本品是一种油包水型多用途高性能去污增光剂。

产品特性 本品用途广泛，可用于任何需要去污增光的物体表面。使用时，只要用棉布或毛刷蘸取擦拭物体表面即可达到去污增光的目的。本品乳液可在物体表面迅速聚合成膜，去污速度快、防水、增光保护，多功能一次完成。本品质量稳定，可利于运输和储存。

配方 29 运动鞋清洁专用免洗洗涤剂

原料配比

皮革运动鞋洗涤剂：

原料	配比(质量份)			
	1#	2#	3#	4#
二氟四氯乙烷	345	367	355	365
异丙醇	35	45	40	52
硝基甲烷	32	45	37	45
尼泊金甲酯	0.6	—	1.0	—
尼泊金乙酯	—	2	—	1.2
尼泊金丙酯	0.4	—	0.5	—
丙二醇	10	40	15	20
水	77	1	51.5	16.8

网面运动鞋洗涤剂：

原料	配比(质量份)			
	5#	6#	7#	8#
仲醇聚氧乙烯醚	10	35	20	12
脂肪醇聚氧乙烯(3)醚	10	—	8	16
脂肪醇聚氧乙烯(7)醚	—	35	8	10
椰油酰胺丙基氧化胺(CAO-30)	5	25	12	18
三甘醇	15	35	24	20
辛醇	2	10	8	6
三氟三氯乙烷	42	60	48	55
丙二醇	55	—	30	40
三乙醇胺	1	6	5	4
丁醚	—	86	36	30
轻度氯化石蜡(含氯 1%)	3	8	5	6
尼泊金甲酯	0.5	—	0.8	—
尼泊金乙酯	—	2	—	1.5
尼泊金丙酯	0.5	—	0.4	
水	365	198	284.8	281.5

制备方法

皮革运动鞋洗涤剂：

(1) 将防腐剂和异丙醇混合；

(2) 将水加入步骤 (1) 中的混合溶液，混合均匀；

(3) 将硝基甲烷加入步骤 (2) 中的混合溶液，搅拌溶解；

(4) 将二氟四氯乙烷加入步骤 (3) 中的混合溶液，混合均匀即成成品。

网面运动鞋洗涤剂：

(1) 将三甘醇、辛醇、三氟三氯乙烷和极性溶剂混合；

(2) 将轻度氯化石蜡和防腐剂加入步骤 (1) 中的混合溶液；

(3) 将仲醇聚氧乙烯醚、脂肪醇聚氧乙烯醚、椰油酰胺丙基氧化胺加入步骤 (2) 中得到的溶液中，搅拌均匀；

(4) 将水加入步骤 (3) 中得到的混合溶液中，搅拌均匀；

(5) 用三乙醇胺调节步骤 (4) 中得到的溶液的 pH 值到 8 即成成品。

产品应用 本品是一种运动鞋清洁专用免洗洗涤剂。

产品特性 本品使用方便，去污力好。本品的皮革运动鞋洗涤剂为透明的液体，具挥发性，能迅速地去除皮革制品表面的油污及水溶性污垢，并能增加皮革的柔软性，保护皮革，增强其光泽度。本品的网面运动鞋洗涤剂为透明液体，去油污快，不损伤织物，具有挥发性，洗后不用漂洗，不留水痕和油迹。

配方 30 长效去污巾

原料配比

原料	配比(质量份)	原料	配比(质量份)
洗衣粉	400	磷酸三钠	4
肥皂粉	50	氢氧化钠	0.4
聚丙烯酰胺	40	氯化镁	1
甘油	40	水	适量

制备方法 取 4L 水加入铝锅中，加入洗衣粉 400 份、肥皂粉 50 份，加热溶解后，投入 40 条毛巾，加温至 95～100℃，处理 1h 后捞出，投入洗衣机中清洗至无泡沫后甩干，备用。在另一铝锅中加入 4L 水、40 份聚丙烯酰胺、40 份甘油、4 份磷酸三钠、0.4 份氢氧化钠、1 份氯化镁，边加热边搅拌，待全溶解后，将上述处理过的毛巾加入铝锅中，加温至 60～70℃，50min 后捞取出，稍拧干后，展开晾晒或送烘房烘干，取出，用可调温的熨斗进行熨烫处理，用塑料袋进行密封包装。

产品应用 本品是一种长效去污巾。使用时，用水浸湿即可擦洗油污，不用任何化学洗涤剂，便可使油污洗得一干二净，用后的去污巾用水冲洗即净，使用方便卫生，经济实用。

产品特性 本品提供一种使用方便、卫生的去污巾，这种去污巾具有长效的去油污能力，具有洗涤剂和抹布的双重功能，而且生产成本相当低廉。

配方 31 植物叶面光亮清洁剂

原料配比

原料		配比(质量份)			
		1#	2#	3#	4#
阴离子表面活性剂	月桂酸钠	10	—	—	—
	烷基苯磺酸盐	—	—	5	—
	链烷磺酸盐	—	—	3	—
	月桂酸钾	—	—	8	—
非离子表面活性剂	椰油酰二乙醇胺	8	—	—	—
	脂肪醇聚氧乙烯醚硫酸钠	—	10	—	18
	脂肪醇聚氧乙烯醚	—	—	—	5
	脂肪酸聚氧乙烯酯	—	—	—	10
	烷基苯磺酸盐	—	3	1	—
	烷基硫酸盐	—	—	3	—
	茶皂素	—	5	—	—
	烷基多糖苷	—	4	—	—
	聚氧乙烯酰胺	—	—	2	—
	聚氧乙烯脂肪胺	—	—	6	—
透明质酸或透明质酸盐	透明质酸钠	0.6	—	—	—
	透明质酸	—	0.1	—	—
	透明质酸锌	—	—	0.5	—
	透明质酸铵	—	—	0.6	—
	透明质酸镁	—	—	—	1.5
柠檬酸		0.03	0.1	0.3	0.5
低级醇	乙醇	1	—	—	0.5
	丁醇	—	—	—	1.5
	乙二醇	—	0.5	0.3	—
	丙二醇	—	—	0.4	—

续表

原料		配比(质量份)			
		1#	2#	3#	4#
防腐剂	苯甲酸钠	0.01	—	—	0.3
	羟基苯甲酸甲酯	—	0.1	0.3	—
	对羟基苯甲酸丙酯	—	—	0.2	—
	山梨酸钾	—	0.1	—	—
水		70	65	82	75
香精		—	—	—	1

制备方法

(1) 备料：阴离子表面活性剂，非离子表面活性剂，透明质酸或透明质酸盐，柠檬酸，低级醇，防腐剂，水。

(2) 将阴离子表面活性剂、非离子表面活性剂和水加入搅拌器中搅拌 2.5h，温度控制在 50℃。

(3) 将步骤 (1) 所得物冷却至 30℃，向其加入透明质酸或透明质酸盐、柠檬酸、低级醇、防腐剂继续搅拌 0.5h，得到产品。

原料介绍 所述阴离子表面活性剂为脂肪醇聚氧乙烯醚硫酸钠、烷基苯磺酸盐、链烷磺酸盐、月桂酸钠、月桂酸钾之一或两种以上的混合物。

所述非离子表面活性剂为椰油酰二乙醇胺、蔗糖脂肪酸酯、脂肪醇聚氧乙烯醚、脂肪酸聚氧乙烯酯、烷基酚聚氧乙烯醚、聚氧乙烯酰胺、聚氧乙烯脂肪胺、烷基苯磺酸盐、烷基硫酸盐、脂肪醇聚氧乙烯醚硫酸钠、脂肪醇聚氧乙烯醚、烷基酚聚氧乙烯醚、烷醇酰胺、烷基多糖苷、茶皂素之一或几种的混合物。

所述防腐剂为对羟基苯甲酸甲酯、对羟基苯甲酸丙酯、苯甲酸钠、山梨酸钾之一或几种的混合物。

所述透明质酸盐为钠盐、钾盐、钙盐、锌盐、镁盐和铵盐之一或几种的混合物。

所述低级醇为乙醇、丁醇、乙二醇和丙二醇之一或几种的混合物。

本品还包括香精或香料。

产品应用 本品是一种观叶植物叶面清洁剂。

产品特性 本品中使用的透明质酸是一种直链酸性黏多糖，具有良好的湿润性、较强的黏附力、超强的扩展能力和较好的渗透能力，其气孔渗透率高，吸收水分后，可形成网状结构，通过非共价键方式镶嵌，附着于植物叶面表面。本品所述植物叶面清洁剂的特点在于阴离子表面活性剂、非离子表面活性剂与透明质酸复配，在清洁剂中添加透明质酸及其盐可以增加植物叶面的保护作用，不伤害植物组织，且清洁效果更好。对已损伤的植物叶面还具有保护和促进修复作用。不堵塞气孔，可提高植物叶面的光亮度、提升植物的观赏品质。

配方 32 装饰灯清洁剂

原料配比

原料	配比(质量份)	原料	配比(质量份)
氨水(28%)	2.3	异噻唑啉酮	0.1
酒精	30	水性硅油	3
十二烷基苯磺酸钠	6	白兰花香精	0.1
OP-8	2.0	水	55
OP-10	1.5		

制备方法 按配方进行称量，先放入水，然后在常温下，依次加入配方中各物质，搅拌均匀后即可。

原料介绍 所述混合表面活性剂由阴离子表面活性剂和非离子表面活性剂按(1.5～2.2)∶1混合而成。

所述阴离子表面活性剂选用十二烷基硫酸钠、十二烷基苯磺酸钠或烷基苯基聚氧乙烯醚硫酸钠中一种或两种；非离子表面活性剂选用烷基酚聚乙烯醚(C_7～C_{12})或月桂醇聚氧乙烯醚。

所述防腐剂为异噻唑啉酮。

产品应用 本品是一种装饰灯清洁剂，适合于装饰灯上的水晶、玻璃、塑胶等硬质透明饰物的清洁。

产品特性 本清洁剂不但具有去污和防尘的能力，而且性质温和不会腐蚀透明饰物及灯饰其他元件的表面。使用时无须过水，直接将本品喷洒于装饰灯上的水晶、玻璃、塑胶等硬质透明饰物，即可自动将其表面的尘埃、油污去除，极大地简便了清洁工序。

参 考 文 献

中国专利公告

CN-201010531745.2
CN-201010622277.X
CN-201010120988.7
CN-201110075048.5
CN-201010229451.4
CN-201110000724.2
CN-201010563308.9
CN-200910012352.8
CN-200910013468.3
CN-201510211304.7
CN-201410693721.5
CN-201510987593.X
CN-201410692280.7
CN-201410517020.6
CN-201310490567.7
CN-201410484403.8
CN-201410812541.4
CN-201410578218.5
CN-201510415480.2
CN-201510204372.0
CN-201410541720.9
CN-200910040076.6
CN-201110195369.9
CN-201110144054.1
CN-201210215756.9
CN-201110024838.0
CN-201410338784.9
CN-201410338178.7
CN-201110278876.9
CN-201510199870.0
CN-201410582847.5
CN-201310134479.3
CN-201410655618.1
CN-201610338473.1
CN-201410730792.8
CN-201310190580.0
CN-201310303025.4
CN-201410856084.9
CN-201310348281.5
CN-201410049307.0
CN-201310365606.0
CN-201410516608.X
CN-201510487974.1
CN-201610470578.2
CN-201410813022.X
CN-201310366193.8
CN-201510442327.9
CN-201210336457.0
CN-201610446651.2
CN-201510199542.0
CN-201410693775.1
CN-201510722501.5
CN-201610232384.9
CN-201410038981.9
CN-201510207662.0
CN-201510211101.8
CN-201310154002.1
CN-201410794821.7
CN-201410517072.3
CN-201210455837.6
CN-201210576112.2
CN-201310738241.1
CN-201410049313.6
CN-201310473273.3
CN-201310485076.3
CN-201210383015.1
CN-201510032987.X
CN-201410071963.0
CN-201410071955.6
CN-201410480390.7
CN-201010210571.X
CN-201410791952.X
CN-201610142605.3
CN-201410367720.1
CN-201510834531.5
CN-201410636708.6
CN-201510407687.5
CN-201510253737.9
CN-201510647996.X
CN-201410469930.1
CN-201310454142.0
CN-201310460947.6
CN-201410516659.2
CN-201310438950.8
CN-201410071677.4
CN-201510207660.1
CN-201010579239.0
CN-201110082165.4
CN-200910057395.8
CN-200910075492.X
CN-201010228488.5
CN-201110024726.5
CN-200910057393.9
CN-200910027189.2
CN-201010540143.3
CN-200910107382.7

CN-200910038273. 4
CN-200910032381. 0
CN-200910082748. X
CN-201010173102. 5
CN-200910198757. 5
CN-200910182657. 3
CN-200910148016. 6
CN-201110061237. 7
CN-201110091776. 5
CN-201010602155. 4
CN-200910082753. 0
CN-200910032384. 4
CN-201110417863. 5
CN-200410155102. 7
CN-201010212838. 9
CN-200910182760. 8
CN-201010543897. 4
CN-200910148264. 0
CN-201010537554. 7
CN-200910213412. 2
CN-200910213411. 8
CN-201010528253. 8
CN-201010127102. 1